IPA-IAO

Forschung und Praxis

Band 116

Berichte aus dem
Fraunhofer-Institut für Produktionstechnik und Automatisierung (IPA), Stuttgart, Fraunhofer-Institut für Arbeitswirtschaft und Organisation (IAO), Stuttgart, und Institut für Industrielle Fertigung und Fabrikbetrieb der Universität Stuttgart

Herausgeber: H. J. Warnecke und H.-J. Bullinger

Rudolf Bäßler

Integration der montagegerechten Produktgestaltung in den Konstruktionsprozeß

Mit 49 Abbildungen

Springer-Verlag
Berlin Heidelberg GmbH 1988

Dipl.-Ing. Rudolf Bäßler

Fraunhofer-Institut für Produktionstechnik und Automatisierung (IPA), Stuttgart

Dr.-Ing. H. J. Warnecke

o. Professor an der Universität Stuttgart
Fraunhofer-Institut für Produktionstechnik und Automatisierung (IPA), Stuttgart

Dr.-Ing. habil. H.-J. Bullinger

o. Professor an der Universität Stuttgart
Fraunhofer-Institut für Arbeitswirtschaft und Organisation (IAO), Stuttgart

D 93

ISBN 978-3-540-19058-5   ISBN 978-3-662-07930-0 (eBook)
DOI 10.1007/978-3-662-07930-0

Gesamtherstellung: Copydruck GmbH, Heimsheim
2362/3020–543210

Geleitwort der Herausgeber

Futuristische Bilder werden heute entworfen:

- o Roboter bauen Roboter,
- o Breitbandinformationssysteme transferieren riesige Datenmengen in Sekunden um die ganze Welt.

Von der "menschenleeren Fabrik" wird da gesprochen und vom "papierlosen Büro". Wörtlich genommen muß man beides als Utopie bezeichnen, aber der Entwicklungstrend geht sicher zur "automatischen Fertigung" und zum "rechnerunterstützten Büro". Forschung bedarf der Perspektive, Forschung benötigt aber auch die Rückkopplung zur Praxis - insbesondere im Bereich der Produktionstechnik und der Arbeitswissenschaft.

Für eine Industriegesellschaft hat die Produktionstechnik eine Schlüsselstellung. Mechanisierung und Automatisierung haben es uns in den letzten Jahren erlaubt, die Produktivität unserer Wirtschaft ständig zu verbessern. In der Vergangenheit stand dabei die Leistungssteigerung einzelner Maschinen und Verfahren im Vordergrund. Heute wissen wir, daß wir das Zusammenspiel der verschiedenen Unternehmensbereiche stärker beachten müssen. In der Fertigung selbst konzipieren wir flexible Fertigungssysteme, die viele verkettete Einzelmaschinen beinhalten. Dort, wo es Produkt und Produktionsprogramm zulassen, denken wir intensiv über die Verknüpfung von Konstruktion, Arbeitsvorbereitung, Fertigung und Qualitätskontrolle nach. Rechnerunterstützte Informationssysteme helfen dabei und sollen zum CIM (Computer Integrated Manufacturing) führen und CAD (Computer Aided Design) und CAM (Computer Aided Manufacturing) vereinen. Auch die Büroarbeit wird neu durchdacht und mit Hilfe vernetzter Computersysteme teilweise automatisiert und mit den anderen Unternehmensfunktionen verbunden. Information ist zu einem Produktionsfaktor geworden, und die Art und Weise, wie man damit umgeht, wird mit über den Unternehmenserfolg entscheiden.

Der Erfolg in unseren Unternehmen hängt auch in der Zukunft entscheidend von den dort arbeitenden Menschen ab. Rationalisierung und Automatisierung müssen deshalb im Zusammenhang mit Fragen der Arbeitsgestaltung betrieben werden, unter Berücksichtigung der Bedürfnisse der Mitarbeiter und unter Beachtung der erforderlichen Qualifikationen. Investitionen in Maschinen und Anlagen müssen deshalb in der Produktion wie im Büro durch Investitionen in die Qualifikation der Mitarbeiter begleitet werden. Bereits im Planungsstadium müssen Technik, Organisation und Soziales integrativ betrachtet und mit gleichrangigen Gestaltungszielen belegt werden.

Von wissenschaftlicher Seite muß dieses Bemühen durch die Entwicklung von Methoden und Vorgehensweisen zur systematischen Analyse und Verbesserung des Systems Produktionsbetrieb einschließlich der erforderlichen Dienstleistungsfunktionen unterstützt werden. Die Ingenieure sind hier gefordert, in enger Zusammenarbeit mit anderen Disziplinen, z. B. der Informatik, der Wirtschaftswissenschaften und der Arbeitswissenschaft, Lösungen zu erarbeiten, die den veränderten Randbedingungen Rechnung tragen.

Beispielhaft sei hier an den großen Bereich der Informationsverarbeitung im Betrieb erinnert, der von der Angebotserstellung über Konstruktion und Arbeitsvorbereitung, bis hin zur Fertigungssteuerung und Qualitätskontrolle reicht. Beim Materialfluß geht es um die richtige Auswahl und den Einsatz von Fördermitteln sowie Anordnung und Ausstattung von Lagern. Große Aufmerksamkeit wird in nächster Zukunft auch der weiteren Automatisierung der Handhabung von Werkstücken und Werkzeugen sowie der Montage von Produkten geschenkt werden.

Von der Forschung muß in diesem Zusammenhang ein Beitrag zum Einsatz fortschrittlicher intelligenter Computersysteme erfolgen. Planungsprozesse müssen durch Softwaresysteme unterstützt und Arbeitsbedingungen wissenschaftlich analysiert und neu gestaltet werden.

Die von den Herausgebern geleiteten Institute, das

- Institut für Industrielle Fertigung und Fabrikbetrieb der Universität Stuttgart (IFF),

- Fraunhofer-Institut für Produktionstechnik und Automatisierung (IPA),

- Fraunhofer-Institut für Arbeitswirtschaft und Organisation (IAO)

arbeiten in grundlegender und angewandter Forschung intensiv an den oben aufgezeigten Entwicklungen mit. Die Ausstattung der Labors und die Qualifikation der Mitarbeiter haben bereits in der Vergangenheit zu Forschungsergebnissen geführt, die für die Praxis von großem Wert waren. Zur Umsetzung gewonnener Erkenntnisse wird die Schriftenreihe "IPA-IAO - Forschung und Praxis" herausgegeben. Der vorliegende Band setzt diese Reihe fort. Eine Übersicht über bisher erschienene Titel wird am Schluß dieses Buches gegeben.

Dem Verfasser sei für die geleistete Arbeit gedankt, dem Springer-Verlag für die Aufnahme dieser Schriftenreihe in seine Angebotspalette und der Druckerei für saubere und zügige Ausführung. Möge das Buch von der Fachwelt gut aufgenommen werden.

H. J. Warnecke · H.-J. Bullinger

Vorwort

Die vorliegende Arbeit entstand während meiner Tätigkeit als wissenschaftlicher Mitarbeiter am Fraunhofer-Institut für Produktionstechnik und Automatisierung (IPA), Stuttgart.

Mein besonderer Dank gilt dem Leiter des Institutes, Herrn Prof. Dr.-Ing. H. J. Warnecke, für seine großzügige Förderung, die entscheidend zur erfolgreichen Durchführung der Arbeit beigetragen hat.

Herrn Prof. Dr.-Ing. G. Lechner danke ich für die Übernahme des Korreferates und für die vielen wertvollen Hinweise, die sich daraus ergaben.

Darüberhinaus möchte ich allen Kollegen des IPA und den zahlreichen Studenten danken, welche mir durch kritische Hinweise und stete Diskussionsbereitschaft sehr geholfen haben. Dieser Dank gilt insbesondere Herrn Prof. Dr.-Ing. R.D. Schraft und Herrn Dr.-Ing. M. Schweizer.

Stuttgart, 1987 Rudolf Bäßler

I n h a l t s v e r z e i c h n i s

0 Abkürzungen und Formelzeichen

A	Montageaufwand (allgemein)
AM	tatsächlich ermittelter Montageaufwand
AMR	relativer Montageaufwand
BG	Baugruppe
CAD	Computer Aided Design
DIN	Deutsches Institut für Normung
ET	Einzelteil
F	Funktionsanteil (allgemein)
FA	Funktionsanteil eines Bauteils
FM	Funktionsanteil der Bauteile eines Montagevorganges
G	Gewichtungsfaktor für Ermittlung von Funktionsanteilen
HF	Hauptfunktion
K	Kennwert für Montagegerechtheit
KM	Kennwert für Montagegerechtheit eines Montagevorgangs
M	Montagevorgang
MTM	Measure Time Method
REFA	Reichsausschuß für Arbeitsstudien
SMD	Surface Mounted Devices
TF	Teilfunktion
UBG	Unterbaugruppe

UF Unterfunktion

VDI Verein Deutscher Ingenieure

ZSB Zusammenbauteil

Häufig benutzte Indizes:

c,d Zählindex

ges gesamt

h,i,j,k Zählindex

m Zählindex

min minimal

n laufende Nr.

x,y,z Zählindex

1 Einleitung

1.1 Problemstellung

Der Schwerpunkt zukünftiger Rationalisierungsmaßnahmen in der Produktion wird immer mehr der Montagebereich. Eine branchenübergreifende Untersuchung der Einsatzmöglichkeiten von flexibel automatisierten Montagesystemen /1/ ergab, daß von den betrieblichen Gesamtinvestitionen insgesamt 30 % für die Montage vorgesehen sind; ca. die Hälfte hiervon ist für die Automatisierung der Montage vorgesehen. Eine wesentliche Voraussetzung für eine wirtschaftliche Montage ist die montagegerechte Produktgestaltung /2, 3, 4, 5, 6/. Sowohl die manuelle, insbesondere aber die automatische Montage, verursacht häufig hohe Kosten, weil die zu montierenden Produkte nicht montagegerecht gestaltet sind /7, 8, 9, 10/.

Die Kosten eines Produktes werden größtenteils während der Konstruktion festgelegt, der Großteil dieser Kosten wird aber im Produktionsbereich und hier vor allem in der Montage verursacht /11, 12/. Dies bedeutet, daß bereits während der Konstruktion weitgehend festgelegt wird, wie das Produkt später montiert wird. Die Weichen für eine einfache und kostengünstige Montage werden im Konstruktionsbereich gestellt, deshalb muß in diesem Bereich das montagespezifische Wissen bekannt sein.

Das konstruktionsspezifische Wissen ist vor allem auf eine funktionsorientierte Konstruktion ausgelegt, montagespezifisches Know-How und insbesondere dessen systematische Anwendung ist in diesen betrieblichen Abteilungen nur unzulänglich bekannt; dies ist aber notwendige Voraussetzung für eine montagegerechte Produktgestaltung. Das montagespezifische Wissen entstammt einer anderen ingenieurwissenschaftlichen Disziplin. Für das gesamtbetriebliche Ziel einer kostenoptimalen Herstellung von Produkten ist noch zusätzliches fachspezifisches Wissen weiterer ingenieurwissenschaftlicher Bereiche erforderlich /13/. Das bedeutet, daß nach Möglichkeiten gesucht werden muß, um das zahlreich vorhandene Spezialwissen der betrieblichen Fachabteilungen in die Produktentwicklung zu integrieren. Dies ist eine wesentliche Voraussetzung für die Konstruktion von Produkten, welche mit minimalem Aufwand montiert werden können.

1.2 Zielsetzung

Um das notwendige Know-How zur montagegerechten Produktgestaltung in den Konstruktionsprozeß integrieren zu können, ist es das Ziel dieser Arbeit, für den Konstrukteur eine anwenderorientierte Vorgehensweise zu erarbeiten, welche ihm eine Umsetzung des gesamten Wissens auf dem Gebiet der montagegerechten Produktgestaltung während des gesamten Konstruktionsprozesses ermöglicht. Es müssen in allen Phasen im Konstruktionsprozeß die montagetechnischen Anforderungen durchsichtig werden; die Vorgehensweise soll dem Konstrukteur als Leitfaden dienen.

Zu dieser Vorgehensweise sollen die notwendigen Hilfsmittel systematisch aufgestellt werden, so daß sie anwenderorientiert in den Konstruktionsprozeß integriert werden können. Die entscheidenden Hilfsmittel für diese Vorgehensweise sind grundlegend zu erarbeiten; sie sind deshalb in dieser Arbeit schwerpunktmäßig darzustellen. Kreative Hilfsmittel zum montagegerechten Gestalten sollen korrektive Hilfsmittel ergänzen, so daß nach kurzen Konstruktionsintervallen eine Überprüfung und gegebenenfalls eine Verbesserung der Konstruktion möglich wird.

Da das größte Rationalisierungspotential der montagegerechten Produktgestaltung im Bereich von Serienprodukten kleinerer bis mittlerer Größe liegt (sogenannte klein- bis mittelvolumige Produkte /14, 15/), soll die Vorgehensweise zur montagegerechten Produktgestaltung für dieses Produktspektrum erarbeitet werden.

1.3 Vorgehensweise

Ausgehend von einer Analyse des Standes der montagegerechten Produktgestaltung soll eine Vorgehensweise erarbeitet werden, welche die Berücksichtigung der montagetechnischen Belange während aller Phasen des Konstruktionsprozesses ermöglicht. Hierzu müssen alle für die montagegerechte Produktgestaltung mittelbar und unmittelbar notwendigen Hilfsmittel bestimmt und systematisch dem Konstruktionsprozeß nach VDI /16,17/ zugeordnet werden.

Für den so zu ermittelnden montageorientierten Konstruktionsprozeß müssen die wesentlichen, noch nicht anwenderorientiert vorhandenen Hilfsmittel erarbeitet werden. Die wichtigsten Komponenten dieses montageorientierten Konstruktionsprozesses sind ein Konstruktionskatalog von Gestaltungsregeln und ein Verfahren zur Bewertung der Montagegerechtheit von Produkten, welche jeweils den einzelnen Phasen des Konstruktionsprozesses anzupassen sind.

Die Bearbeitungsschwerpunkte sind theoretisch herzuleiten, systematisch auszuwählen und zu bestimmen und abschließend an konkreten Beispielen auf ihre Anwendbarkeit zu erproben. Hierbei ist den unterschiedlichen Konstruktionsarten und Zeitpunkten im Konstruktionsprozeß und insbesondere der iterativen Produktentwicklung Rechnung zu tragen. Die zielorientierte Anwendung der Vorgehensweise soll mit konkreten Beispielen für das definierte Produktspektrum nachgewiesen werden. Damit wird eine wichtige Voraussetzung für die notwendige Parallelität von Produktentwicklung und Montageplanung geschaffen.

2 Ausgangssituation

2.1 Begriffe und Definitionen

In dieser Arbeit häufig verwendet werden die folgenden, in der Fachliteratur üblichen Begriffe:

Konstruieren /18, 19/
ist die gedankliche Realisierung, die versucht, die gestellten Anforderungen auf die zur Zeit bestmögliche Weise zu erfüllen. Es ist eine Ingenieurtätigkeit, die
- fast alle Gebiete des menschlichen Lebens berührt,
- sich der Erkenntnisse und Gesetze der Naturwissenschaft bedient und
- die Voraussetzung zur stofflichen Verwirklichung schafft.

Montage
Nach VDI /20/ versteht man unter Montieren die Gesamtheit aller Vorgänge, die dem Zusammenbau von geometrisch bestimmten Körpern dienen. Dabei kann zusätzlich formloser Stoff zur Anwendung kommen.
Montieren ist immer eine Folge von Funktionen. Der Begriff Montieren beinhaltet neben der Hauptfunktion "Fügen" als Nebenfunktionen: "Handhaben" und "Kontrollieren" /20/.

Fügen
Nach DIN /21, 22/ ist Fügen, was oft auch Verbinden genannt wird, das Zusammenbringen von zwei oder mehr Werkstücken geometrisch bestimmter, fester Form oder von ebensolchen Werkstücken mit formlosem Stoff. Dabei wird jeweils der Zusammenhalt örtlich geschaffen und im Ganzen vermehrt.

Für die montagegerechte Produktgestaltung spezifisch festzulegen waren die nachfolgenden Begriffe:

Montagegerechte Produktgestaltung

Wie bereits in /23, 24/ festgelegt, bedeutet montagegerechte Produktgestaltung, die Produkte so zu konstruieren, daß deren Montageaufwand ein Minimum erreicht. Dabei müssen die Herstellkosten des Produktes minimiert werden. Der Montageaufwand ist die monetäre Summe aller zur Montage eines Produktes/einer Baugruppe notwendigen manuellen, maschinellen und organisatorischen Aufwendungen sowie aller benötigten Energien und Hilfsstoffe.

Montagegerechtheit

Die Montagegerechtheit eines Produktes/einer Baugruppe/eines Montagevorgangs macht eine Aussage über den erforderlichen Montageaufwand. Je geringer der Aufwand zum Montieren ist, desto besser ist die Montagegerechtheit /24, 25/.
Die Montagegerechtheit kann verbal ausgedrückt werden, mit Frageinstrumentarien (z.B. Checklisten) erfaßt oder aufgrund von definierten Algorithmen rechnerisch ermittelt werden. Im letzteren Fall wird die Montagegerechtheit als zahlenmäßiger Vergleichswert dargestellt und ist ein Maß für die Erfüllung der Ziele der montagegerechten Produktgestaltung.

Einzelteil

Nach /26/ kann ein Einzelteil nicht zerstörungsfrei weiter zerlegt werden. Im Zusammenhang mit Montieren sind Einzelteile die Teile mit dem geringsten Komplexitätsgrad.

Baugruppen/Unterbaugruppen

sind aus mehreren Einzelteilen montiert. Entsprechend der Produkthierarchie/-struktur spricht man von Unterbaugruppen, wenn diese mit weiteren Einzelteilen/Unterbaugruppen zu Baugruppen höherer Komplexität montiert werden. Bei sehr komplexem Produktaufbau können Unterbaugruppen unterschiedlicher Hierarchieebenen auftreten. Baugruppen stellen im allgemeinen die höchste Hierarchieebene dar.

Bauteile

können sowohl Einzelteile, als auch Baugruppen/Unterbaugruppen sein. In einer Produktstruktur wird jedes zum Montieren des Gesamtproduktes notwendige Teil als Bauteil bezeichnet.

Zusammenbauteile

sind für das Zusammenmontieren von Produkten/Baugruppen/Unterbaugruppen notwendige Einzelteile, welche nicht vormontierbar sind. Häufig handelt es sich hier um Verbindungsteile wie Schrauben, Nieten u.ä.

2.2 Stand bei der Umsetzung der montagegerechten Produktgestaltung

Während früher teilweise zwischen automatisierungsgerechter Produktgestaltung und Produktgestaltung für manuelle Montage unterschieden wurde, hat die Erfahrung gezeigt, daß nahezu alle Maßnahmen, welche für die automatische Montage notwendig sind, auch die manuelle Montage begünstigen /3, 15/. Deshalb wird heute allgemein von montagegerechter Produktgestaltung gesprochen, welche unabhängig vom Montageprinzip verstanden wird.

Obwohl bereits 1967 Literatur zu diesem Thema zusammengestellt wurde /4/, werden Maßnahmen zur montagegerechten Produktgestaltung heute nur von einem verhältnismäßig geringen Teil von Firmen mit Serienmontage angewandt /1/. Eine ganzheitliche, systematische Umsetzung der montagegerechten Produktgestaltung, nicht nur das Anwenden von einigen Gestaltungsregeln, wird von einem noch geringeren Prozentsatz der Firmen durchgeführt, da zum einen das spezifische Fachwissen nicht anwenderorientiert aufgearbeitet ist und zum anderen noch keine Vorgehensweisen zur montagegerechten Produktgestaltung vorhanden sind, auf welche eine betriebliche Ablauforganisation abgestimmt werden könnte /1, 28/. In den Firmen ist meist ein linienförmiger Ablaufplan vorzufinden, bei welchem die Planung von Teilefertigung und Montage eines Produktes erst nach der Freigabe der Konstruktion für die Fertigung ausgeführt werden. Dies bedeutet, daß zunächst der Konstruktionsprozeß vollständig abgeschlossen wird, ehe der Planungsprozeß für die Fertigung eines Produktes beginnt /29/. Nur in wenigen Ausnahmen wurden firmenspezifische Regeln zur montagegerechten Produktgestaltung erstellt. Methoden zur Bewertung und anschließenden Verbesserung der Montagegerechtheit von Produkten durch Umkonstruktion wurden weltweit noch wenig entwickelt und bei deutschen Unternehmen noch nicht eingesetzt. Die ganzheitliche Integration des montagetechnischen Wissens in den Konstruktionsprozeß, beginnend beim Konstruktionsstart, wird noch nicht realisiert. Dies sind mit die wesentlichsten Gründe dafür, daß das große Rationalisierungspotential durch montagegerechte Produktgestaltung von deutschen Firmen nur zu einem sehr geringen Prozentsatz ausgeschöpft wird /30/.

2.3 Notwendigkeit der montagegerechten Produktgestaltung

Montagegerechte Produktgestaltung stellt für die nahe Zukunft ein großes Rationalisierungspotential dar /1, 4, 27, 29, 31, 32/. Die erwarteten Vorgabezeit-Reduzierungen durch Maßnahmen zur montagegerechten Produktgestaltung, wie sie in einer Repräsentativumfrage ermittelt wurden /1/, zeigt Bild 1. Die ganzheitliche montagegerechte Produktgestaltung, bei welcher bereits die Produktstruktur montagegerecht aufgebaut wird, wird zukünftig als die erfolgreichste Möglichkeit angesehen, um das zu erwartende Rationalisierungspotential auszuschöpfen.

Die Analyse von 17 Produkten hinsichtlich der montagegerechten Gestaltung elektrotechnischer Geräte ergab die in Bild 2 aufgeführten Hemmnisse für eine automatische Montage. Die anschließend erarbeiteten Vorschläge für Produktänderungen konnten nur zu 46 % realisiert werden, da insbesondere Gründe der Ersatzteilhaltung, des Services und der

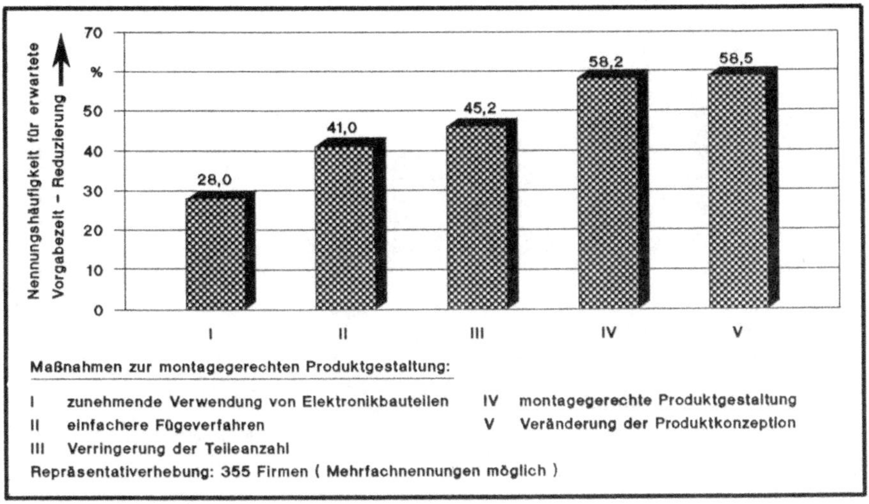

Bild 1: Anteil der Firmen, welche durch Maßnahmen der montagegerechten Produktgestaltung eine Reduzierung der Vorgabezeit erwarten

Kundenbetreuung sowie hohe Änderungskosten für bereits vorhandene Werkzeuge keine Wirtschaftlichkeit erwarten ließen. Durch diese Analyse wurde bestätigt, daß montagegerechte Produktgestaltung an vorhandenen Produkten nur bedingt durchgeführt werden kann.

Der Großteil der Kosten eines Produktes wird im Konstruktionsbereich festgelegt, verursacht werden die meisten Kosten der Produkte aber im Bereich der Fertigung und Montage /11/. Da die Anforderungen der kostenverursachenden Bereiche (Fertigung, Montage) bei der Produktentwicklung noch nicht bekannt sind, werden heute zahlreiche Produkte konstruiert, welche einen zu hohen Montageaufwand erforderlich machen. Deshalb kann das Rationalisierungspotential durch montagegerechte Produktgestaltung nur unzureichend

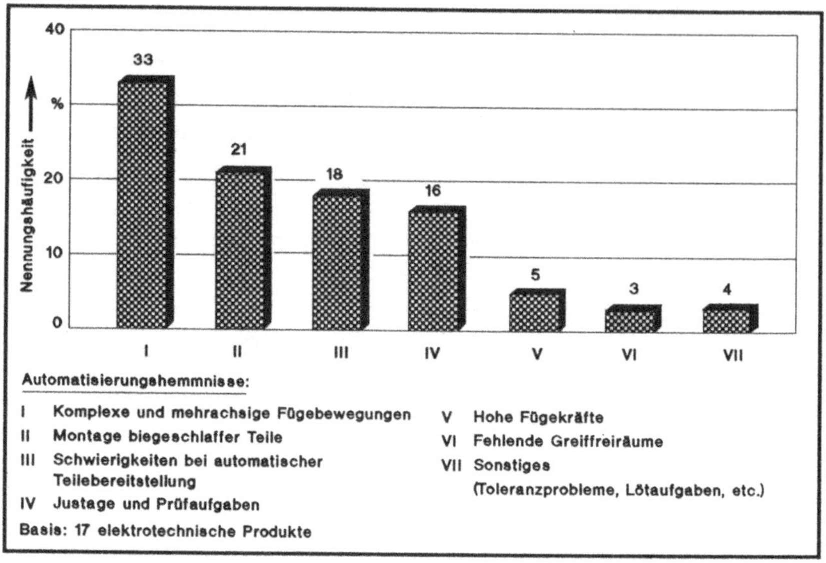

Bild 2: Automatisierungshemmnisse hinsichtlich montagegerechter Produktgestaltung bei 17 elektrotechnischen Produkten

oder überhaupt nicht ausgeschöpft werden. In Bild 3 ist dieser Zusammenhang dargestellt. Erst durch Berücksichtigung der montagetechnischen Anforderungen bereits bei der Produktentwicklung wird eine Montage der Produkte mit einem möglichst geringen Aufwand ermöglicht. Hierzu ist die Zusammenarbeit der betroffenen betrieblichen Bereiche notwendig, welche nur durch eine systematische Vorgehensweise sinnvoll ermöglicht wird.

Die Bedeutung der montagegerechten Produktgestaltung wird für 1987/1988 gleichwertig mit der NC-gerechten Konstruktion erwartet, wie eine in der BR Deutschland durchgeführte Delphi-Studie unter 80 Montageexperten ergab /1/. Dies bedeutet, daß das spezifische Wissen zur montagegerechten Produktgestaltung dann auch zielgerichtet in den Konstruktionsprozeß einfliessen kann.

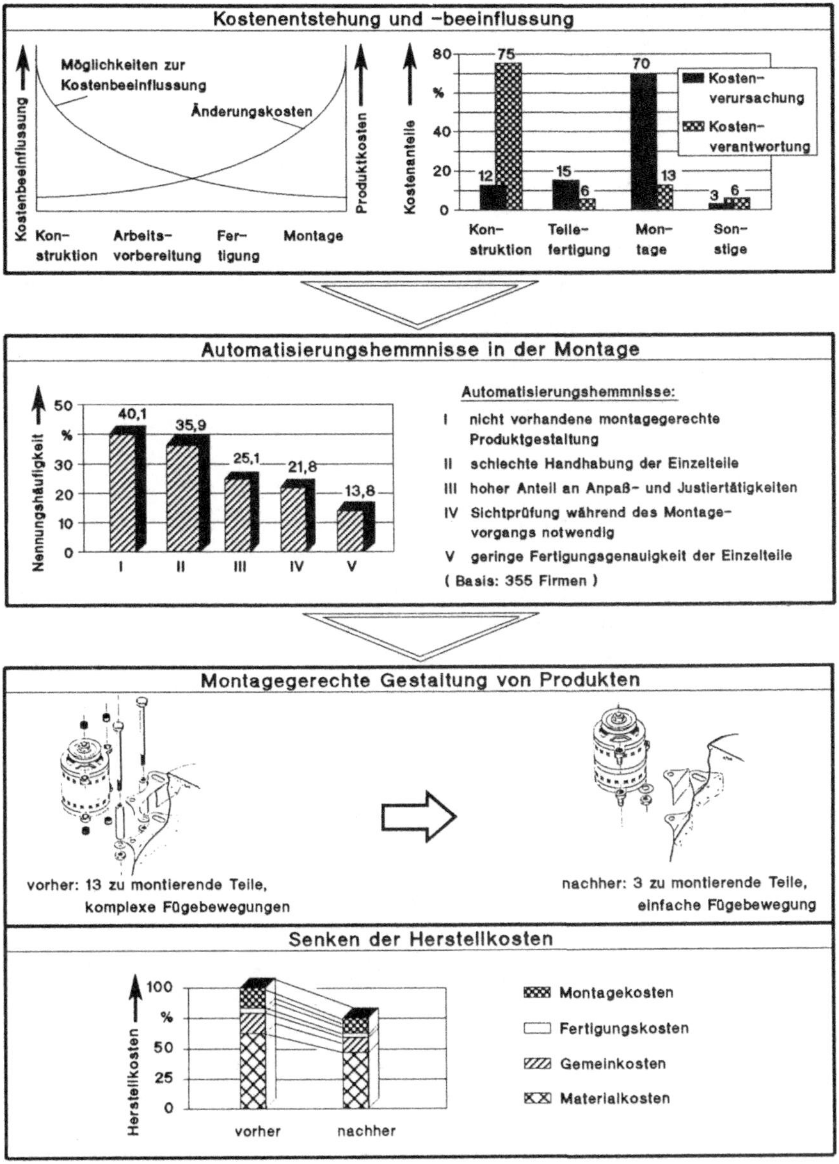

Bild 3: Notwendigkeit der montagegerechten Produktgestaltung

3 Analyse bisheriger Ansätze zur montagegerechten Produktgestaltung

3.1 Vorgehen bei der konventionellen Produktentwicklung

3.1.1 Die Konstruktion im betrieblichen Ablauf

In den betrieblichen Lebensphasen eines Produktes steht am Anfang seine Entwicklung/Konstruktion. Nach der Aufgabenstellung wird ein Produkt fertig konstruiert, bevor es für die Fertigung freigegeben wird, d.h. innerhalb der Lebensphasen eines Produktes werden insbesondere die Entwicklung des Produktes und die Planung des Fertigungsprozesses nacheinander ausgeführt.

Bei den Konstruktionstätigkeiten überwiegen die Routinetätigkeiten des Ausarbeitens, wie die Verteilung von Bild 4 zeigt /33/. Die eigentlichen kreativen Arbeiten machen lediglich ca. 1/6 der gesamten Konstruktionstätigkeiten aus. Hierin beinhaltet sind bereits die Zeitanteile für die Beschaffung von Informationen.

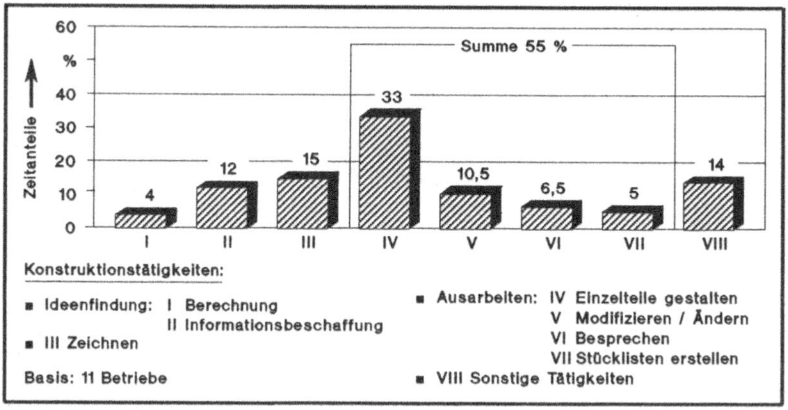

Bild 4: Zeitanteile der Konstruktionstätigkeit /33/

In der Konstruktion berücksichtigt werden müssen zahlreiche Anforderungen nachgeschalteter Produktionsbereiche, wodurch ein hoher Zeitaufwand für die Informationsbeschaffung erforderlich wird. Um diesen Aufwand gering zu halten, ist eine geeignete Bereitstellung der Informationen, insbesondere auch der montagetechnischen Anforderungen an ein Produkt, notwendig.

Die produktionstechnischen Anforderungen an die Konstruktion sind abhängig von der Konstruktionsart /34/. Bei den Konstruktionsarten wird unterschieden zwischen:

- Änderungskonstruktion:
  Hierbei liegen Konzepte, Struktur und Gestalt des Produktes im wesentlichen fertig vor. Die Hauptabmessungen werden nicht geändert. Durch Änderung von Gestalt und Abmessungen von Einzelteilen oder Funktionsgruppen wird eine vorhandene Konstruktion an begrenzte Änderungen der Aufgabenstellung angepaßt. Daher wird dies auch oft "Anpassungskonstruktion" genannt.

- Umkonstruktion:
  Konzept und Struktur sind von ausgeführten Konstruktionen her bekannt. Hauptabmessungen und Gestalt müssen aufgrund wesentlicher Änderungen der Aufgabenstellung neu bearbeitet werden. Hierfür wird auch der Ausdruck "Neukonstruktion" gebraucht.

- Neukonstruktion:
  Diese wird nötig, wenn entweder neue Aufgabenstellungen auftreten oder wenn bekannte Lösungen zu alten Aufgabenstellungen am Ende ihrer Entwicklungsfähigkeit angelangt sind. Die Neukonstruktion erfordert systematische Konstruktionsarbeit mit sorgfältiger Bearbeitung aller Einzelaufgaben. Das Ergebnis ist häufig eine echte "Erfindung".

Je umfangreicher eine Konstruktion ist (Neuheitsgrad), desto früher können produktionstechnische Anforderungen und somit auch montagetechnische Anforderungen eingebracht werden.

3.1.2 Tätigkeiten im Konstruktionsprozeß

Um das Entwickeln und die Konstruktion technischer Produkte nicht der Erfahrung und dem Geschick weniger Spezialisten überlassen zu müssen, wurden systematische Vorgehensweisen erarbeitet, welche eine zielgerichtete Lösungsfindung ermöglichen /16, 17, 34, 35, 36, 37, 38/. Grundlage für diese Vorgehensweise bietet die Systemtechnik. Dort wird der zeitliche Werdegang eines Systems vom Abstrakten hin zum Konkreten (Lebensphasen) unterteilt. Für die einzelnen Lebensphasen wird eine Problemlösungsstrategie vorgegeben. Die Verknüpfung dieser Schritte und die Einführung von Wiederholzyklen, bei denen Vorgehensschritte mehrfach durchlaufen werden, führen zu einer iterativen Vorgehensweise.

Konstruieren stellt den Optimierungsprozeß zwischen den gesetzten Zielen und den teilweise widersprechenden Bedingungen dar. Die Optimierung einer Konstruktion wird in einem interativen Prozeß ausgeführt, der in die vier Lebensphasen:

1 Planen
2 Konzipieren
3 Entwerfen
4 Ausarbeiten

unterteilt ist. Die Arbeitsschritte für den Konstruktionsprozeß sind in /16/ und /36/ ausführlich beschrieben und in Bild 5 zusammengefaßt.

1. Planungsphase

1.1 Bedarf erkennen
1.2 Aufgabenstellung klären
1.3 Anforderungsliste erstellen
1.4 Freigabe zum Konzipieren

2. Konzeptphase

2.1 Funktion analysieren
2.2 Funktionsstruktur aufstellen
2.3 Funktionsstruktur variieren
2.4 Lösungsprinzipien für jede Teilfunktion ermitteln
2.5 Lösungsprinzipien auswählen ←
2.6 Lösungsvarianten bilden
2.7 Konzeptvarianten erstellen
2.8 Konzeptvarianten bewerten und auswählen ←

3. Entwurfsphase

3.1 Grobgestalten der gestaltungsbestimmenden Hauptfunktionsträger
3.2 Grobgestalten der restlichen Hauptfunktionsträger
3.3 Auswählen geeigneter Teilentwürfe ←
3.4 Feingestalten der Haupt- und Nebenfunktionsträger
3.5 Kontrollieren und Verbessern der Entwürfe ←
3.6 Kontrolle auf Fehler und Störgrößeneinfluß
3.7 Kostendeckung überprüfen
3.8 Vervollständigen des Entwurfs
3.9 Festlegen des Entwurfs

4. Ausarbeitungsphase

4.1 Detaillieren
4.2 Vorschriften ausarbeiten
4.3 Prüfen der Fertigungsunterlagen ←
4.4 Freigabe für die Fertigung

Legende: ← Konstruktionsphasen, in denen bewertet und ausgewählt wird

Bild 5: Arbeitsschritte der Lebensphasen des Konstruktionsprozesses

3.1.3 Bewertungs- und Auswahlverfahren im Konstruktionsprozeß

Ein Vorteil des systematischen Vorgehens im Konstruktionsprozeß, insbesondere bei komplexen Aufgabenstellungen, ist die Aufgliederung des Gesamtproblems in erkennbare Teil- und Einzelprobleme, welche nach der Lösungsfindung wieder zu einer Gesamtlösung verknüpft werden. Es wird dadurch möglich, zu unterschiedlichen Zeitpunkten im Konstruktionsprozeß Lösungen zu finden und zu bewerten und dann die jeweils beste Lösung auszuwählen. Dadurch wird eine sukzessive Optimierung der Konstruktion ermöglicht. Bei dem in Bild 5 zusammengefaßten systematischen Konstruktionsprozeß werden in den Phasen 2.5, 2.8, 3.3, 3.5 und 4.3 Lösungen nach unterschiedlichen Kriterien bewertet und ausgewählt. Eine zusammenfassende Übersicht dieser Bewertungs- und Auswahlverfahren gibt Bild 6.

BEWERTEN und AUSWÄHLEN beim KONSTRUIEREN	
Konstruktionsphase	Bewertung/ Auswahl
2.5 Lösungsprinzipien auswählen - Vorauswahl der Lösungsprinzipien - Kostenabschätzung	"Ausscheiden und Bevorzugen" von Lösungsprinzipien mit unterschiedlichem, physikalischem Effekt und unterschiedlicher prinzipieller Gestaltung.
2.8 Konzeptvarianten bewerten und auswählen - Aufstellen von Zielvorstellungen und -kriterien - Bewerten und Auswählen mit Hilfe der aufgestellten Kriterien	Bewerten von Lösungsvorschlägen aufgrund vorher festgelegter Zielkriterien wie zum Beispiel technische, wirtschaftliche , sicherheitstechnische Anforderungen; die Schwachstellen werden gezielt erkannt und behoben.
3.3 Auswählen geeigneter Teilentwürfe	Weiteres Selektieren der Teilentwürfe bezüglich Anforderungen des Pflichtenheftes mit Hilfsmitteln wie zum Beispiel Nutzwertanalyse /39,40/.
3.5 Kontrollieren und Verbessern der Entwürfe Kontrolle bezüglich Funktion, räumlicher Verträglichkeit, Wirkungshöhe, Nebeneffekten, Haltbarkeit etc.	Prüfen der Funktionsträger auf Erfüllung der Anforderungen aus dem Pflichtenheft, wie zum Beispiel Funktionsstruktur, Wirkprinzip, Gestalt, Werkstoff, Stoff-, Energie-, Signalfluß, mit dem Ziel, das technisch-wirtschaftliche Restrisiko zu minimieren.
4.3 Prüfen der Fertigungsunterlagen	Letzte Vollständigkeitsprüfung der Zeichnung auf Einhaltung der Normen, Bemaßung und dergleichen

Bild 6: Bewertungsphasen im Konstruktionsprozeß

Die letzte Überprüfung der Konstruktion in der Phase 4.3 erfolgt nicht mehr im Sinne einer sukzessiven Optimierung, da die Konstruktion hier abgeschlossen ist. Die Bewertung sowie die Auswahl unterschiedlicher Lösungen erfolgt an wenigen Stellen im Konstruktionsprozeß, meist am Ende einer Konstruktionsphase. Die zur Verfügung stehenden Hilfsmittel beschränken sich auf subjektive, technisch-wirtschaftliche Verfahren, welche vom Pflichtenheft abgeleitet werden. Sie sind deshalb sehr abhängig vom Detaillierungsgrad und von der Qualität der Ausführungen des Pflichtenheftes. Die Bewertung und die Auswahlkriterien beziehen sich größtenteils auf funktionale Anforderungen an das Produkt. Nur an wenigen Stellen werden teilweise die Kosten des Produktes berücksichtigt. Fertigungs- und insbesondere montagetechnische Anforderungen an das Produkt werden nur dann in geringem Maße mitberücksichtigt, wenn sie im Pflichtenheft aufgeführt sind. Da Anforderungen dieser Art aber nur unzureichend bekannt sind und auch nicht geeignet in den Konstuktionsprozeß einfließen können, erfolgt die Bewertung und die Auswahl der Lösungen nicht unter fertigungs- und montagetechnischen Gesichtspunkten.

3.2 Bisheriges Vorgehen bei der montagegerechten Produktgestaltung

3.2.1 Bekannte Vorgehensweisen zur montagegerechten Produktgestaltung

Die Vorgehensweise beim systematischen Konstruieren ist fast ausschließlich auf die Erfüllung der Funktion eines Produktes, nicht auf fertigungstechnische Anforderungen ausgerichtet. Es sind nur wenige Anleitungen zur montagegerechten Produktgestaltung bekannt.

So werden in /42/ und /44/ zwar zahlreiche Hinweise zur montagegerechten Produktgestaltung gegeben, eine den gesamten Konstruktionsprozeß umfassende Vorgehensweise wird darin aber nicht beschrieben. Es werden umfassende Gestaltungsre-

regeln aufgezeigt, welche aber primär in den Konstruktionsphasen Entwerfen und Ausarbeiten angewandt werden können. Es handelt sich vorrangig um branchenspezifische Auflistungen von Hilfsmitteln zur montagegerechten Produktgestaltung. Insbesondere das sukzessive Anwenden der unterschiedlichen Hilfsmittel während des gesamten Konstruktionsprozesses ist hier nicht gegeben.
In den Beiträgen von /45/ und /49/ sind zum Teil Hinweise zur eigentlichen Gestaltung von Produkten gegeben. Die Methoden zur Bewertung der Montagegerechtheit sind für bereits vorhandene Produkte oder fast fertig konstruierte Produktkonzeptionen anwendbar, also frühestens nach der Konstruktionsphase 3.4, besser jedoch erst bei der Konstruktionsphase 3.6. Sie weisen eine ähnliche Vorgehensweise auf, wie sie in den zahlreichen bekannten Anwendungen gemacht werden (z.B. /47, 48, 53, 54, 55, 56/), nämlich die Analyse des bestehenden Produktes, die Konzeption von Teilsystemen und das Darstellen montagefreundlicher Gesamtkonzeptionen. Auch hier ist ein systematisches Einbeziehen aller Hilfsmittel zur montagegerechten Produktgestaltung in den gesamten Konstruktionsprozeß nicht gegeben.

3.2.2 Notwendige Hilfsmittel zur montagegerechten Produktgestaltung

Bei Vorgehensweisen zur Umsetzung der montagegerechten Produktgestaltung sind die notwendigen Hilfsmittel systematisch in den Konstruktionsprozeß einzubeziehen. Aus der Literatur ist zu entnehmen, daß eine große Anzahl an Hilfsmitteln zur montagegerechten Produktgestaltung beitragen können /57, 58/. Eine Übersicht solcher Hilfsmittel wurde in Bild 7 erarbeitet. Für eine systematische Vorgehensweise zur montagegerechten Produktgestaltung werden diese Hilfsmittel aber nicht in ihrer Ganzheit benötigt; zum Teil ergänzen sich diese Hilfsmittel. Einige der hier aufgezeigten Hilfsmittel finden teilweise auch mit anderer Zielrichtung in der betrieblichen Praxis bereits Anwendung.

HILFSMITTEL ZUR MONTAGEGERECHTEN PRODUKTGESTALTUNG

- Kalkulatorische Hilfsmittel (in unterschiedlichen Konstruktionsphasen)
- Netzpläne (Montagevorranggraph / Variantenbaum)
- Wertanalytische Verfahren (Wertanalyse / Nutzwertanalyse)
- Kataloge zur montagegerechten Produktgestaltung (Relativkosten /-zeiten, Gestaltungsregeln, Beispiele, Normen)
- Verfahren zur Bewertung der Montagegerechtheit
- Checklisten zur Spezifizierung montagetechnischer Schwachstellen
- Teileverwendungsnachweis
- Konkurrenzunterlagen

Bild 7: Hilfsmittel zur montagegerechten Produktgestaltung

Die in dieser Arbeit durchgeführte Analyse dieser Hilfsmittel ergab, daß vor allem Gestaltungsregeln und Bewertungsverfahren für die montagegerechte Produktgestaltung von größter Bedeutung sind. Deshalb werden nachfolgend diese beiden Hilfsmittel weiter analysiert.

3.2.2.1 Vorhandene Gestaltungsregeln für die montagegerechte Produktgestaltung

Es wurden bereits einige Ansätze unternommen, Regeln und Richtlinien für die montagegerechte Produktgestaltung zu erstellen und zu systematisieren. Relativ vollständig für ein bestimmtes Produktspektrum und umfangreich sind vor allem die Sammlungen in /41, 42, 43, 44/. Daneben gibt es noch einige andere Ansätze, in denen, meist spezifisch für einzelne Montagearten oder Produktspektren, nicht vollständig oder nur exemplarisch, Gestaltungsrichtlinien zur montagegerechten Produktgestaltung erstellt wurden /3, 45, 46, 47, 48/.

In der Sammlung der Konstruktionsregeln in /41/ sind insgesamt ca. 30 Regeln aufgestellt und teils mit Symbolbildern sowie teils mit konkreten Praxisbeispielen erläutert. Berücksichtigt wurden bei den Konstruktionsregeln vor allem die Gestaltung von Einzelteilen und Baugruppen sowie der Produktaufbau; nicht berücksichtigt wurden Hinweise zur Gestaltung montagegerechter Verbindungen. Mit diesen Regeln wird nicht das gesamte Feld der montagegerechten Produktgestaltung erfaßt. Es handelt sich hier vor allem um eine Einführung zur montagegerechten Produktgestaltung; eine Integration in den Konstruktionsprozeß fehlt.

Bei den in /42/ gesammelten Konstruktionsregeln wird unterschieden zwischen manueller und automatischer Montage, wobei der Schwerpunkt bei der manuellen Montage in der Einzel- und Kleinserienfertigung des Maschinenbaus liegt. Es sind Konstruktionsregeln zum Produkt, zur Verbindung und zum Einzelteil berücksichtigt. Die Regeln sind teils verbal beschrieben und teils in tabellarischer Form zusammengefaßt. An wenigen Stellen wird eine Zuordnung zum Konstruktionsprozeß gemacht. Eine ganzheitliche Erfassung der montagegerechten Produktgestaltung, möglichst produktunabhängig erfolgt nicht.

Schwerpunktmäßig für den Maschinenbau, insbesondere für den Werkzeugbau, wurden in /43/ Konstruktionsregeln zusammengestellt und zahlreich untergliedert. Als Hauptkriterium wurde unterschieden zwischen geräteabhängigen und geräteunabhängigen Regeln. Den Schwerpunkt bilden die geräteunabhängigen Regeln, welche primär die Vereinfachung von Handhabungsfunktionen und die Vermeidung von Handhabungsvorgängen zum Ziel haben. Die Konstruktionsregeln sind verbal und visuell dargestellt, aber nicht als Katalog zusammengefaßt. Es handelt sich um eine produktspezifische Sammlung.

Am umfangreichsten und mit den meisten Regeln dargestellt ist der Katalog in /44/. Für das spezifische Produktspektrum elektromechanischer Erzeugnisse wurde hier ein relativ umfangreiches, reichlich untergliedertes Werk erstellt. Diese Sammlung ist als Konstruktionskatalog aufgebaut. Die Anwendung dieses Katalogs wird aber schwierig, da die Vielfalt der Regeln, welche teilweise sehr detailliert und sehr produktspezifisch sind, insgesamt aufwendig wird. Aufgrund des starken Detaillierungsgrades ist die Benutzung, insbesondere bei wiederholter Anwendung durch einen erfahrenen Konstrukteur, sehr zeitaufwendig; ihm würden wesentlich kürzere Hinweise genügen. Durch die Mehrfachnennung von Regeln erscheint der Katalog teilweise umfangreich.

Alle weiteren, bekannten Sammlungen von Regeln zur montagegerechten Produktgestaltung sind als Auszüge oder Teile der bereits aufgeführten Sammlungen zu betrachten, welche produkt-, branchen- oder firmenspezifisch anzuwenden sind. Es sind also schon Sammlungen von Gestaltungsregeln vorhanden, welche, mit unterschiedlichem Detaillierungsgrad, vorwiegend produkt- bzw. branchenspezifisch orientiert sind. Fehlend sind aber noch umfassende, ganzheitliche Konstruktionskataloge zur montagegerechten Produktgestaltung, welche so aufgebaut sind, daß sie branchen-, produkt- oder betriebsspezifischen Anforderungen problemlos angepaßt werden können und dem Konstrukteur zum richtigen Zeitpunkt die richtigen montagetechnischen Informationen zur Verfügung stellen.

3.2.2.2 Bekannte Methoden zur Bewertung der Montagegerechtheit von Produkten

Methoden zur Bewertung der Montagegerechtheit von Produkten werden schon seit einiger Zeit entwickelt. Häufig gelingt es nicht, das vielseitige und komplizierte Wissen auf diesem Gebiet durch geeignete Methoden in quantifizierbaren Bewertungsgrößen zu erfassen, welche dann eine qualitative Aussage über die Möglichkeit des Montierens von Produkten machen könnten.

In /49/ und /50/ sowie in /44, 45, 51/ sind die bedeutendsten Methoden zur Bewertung der Montagegerechtheit von Produkten beschrieben. Gemeinsam ist diesen vier Methoden, daß sie jeweils einen Faktor ermitteln, welcher eine Aussage über die Montagegerechtheit macht.

In /49, 50/ ist eine Methode beschrieben, welche für vorhandene Produkte oder vorhandene Produktkonstruktionen die Montagezeiten bzw. -kosten minimieren will, indem die Anzahl der Einzelteile minimiert und die Gestalt der Teile bezüglich Handhaben und Fügen optimiert wird. Aufgrund von Erfahrungswerten, die in Tabellenform vorgegebenen sind, werden Kosten bzw. Zeiten ermittelt und wird ein Faktor DE (Design Efficiency) ermittelt, welcher eine Aussage über die Montagegerechtheit von Produkten macht. Bei dieser Bewertung der Montagegerechtheit werden vor allem die Gestaltung der Einzelteile und der Verbindungstechniken und zu einem gewissen Teil auch die Standardisierung berücksichtigt. Die Montagegerechtheit kann erst zu einem sehr späten Zeitpunkt im Konstruktionsprozeß beeinflußt werden.

Die in /51/ beschriebene Methode erlaubt durch gezielte Fragestellungen ein frühzeitiges Erkennen montagetechnischer Schwachstellen und deren gezielte Beseitigung. Dies soll erreicht werden durch die Minimierung der Montagekosten (vereinfachte Montage) sowie durch die Verkürzung der Entwicklungszeit von Produkten. Die Quantifizierung der Montagegerechtheit erfolgt vorwiegend aufgrund subjektiv zu bewertender Kriterien und ist deshalb stark vom individuellen Anwender abhängig. Er entscheidet, ob alle montagetechnischen Aspekte berücksichtigt werden.

Die Bewertung nach /44/ will die Senkung des Montageaufwandes erreichen durch die Vereinfachung der Montage, die Verbesserung der Montageplanung bzw. -organisation und durch das Erleichtern der Durchführung des Montageprozesses. Hierzu werden die Bauelemente und die Baugruppen mit unterschiedlichen Methoden bewertet. Dadurch wird diese Methode insgesamt aufwendig. Die Algorithmen zur Bewertung der Montagegerechtheit der Einzelteile sind so komplex, daß sie eine entsprechende Routine bei der Anwendung erfordern. Die Baugruppen werden mit speziell für elektromechanische Produkte bestimmten Klassifizierungsziffern bewertet. Deshalb fällt eine ganzheitliche, anwenderorientierte Integration in den Konstruktionsprozeß schwer.

In der Bewertung nach /45/ werden montagetechnische Schwachstellen ermittelt aufgrund der Bewertung der Montagefreundlichkeit bezüglich Montagezeitaufwand, ergonomischer Wirkungen sowie aufgrund der Vermeidung von Montagevorgängen. Das Bewertungsverfahren beruht auf Literaturstudien. Produktspezifische Einflußfaktoren und die alternative positive oder negative Wertigkeit der Einflußfaktoren sind stark subjektiv und bedürfen einiger Erfahrung. Diese Bewertung erfolgt also nicht aufgrund von Algorithmen, welche durch das Produkt bestimmt werden, sondern aufgrund von Erfahrungswerten. Die Bewertung der Produkte/Produktkonstruktionen kann erst verhältnismäßig spät im Konstruktionsprozeß erfolgen.

Die hier beschriebenen vier bekanntesten Methoden zur Bewertung der Montagegerechtheit werden international teilweise im betrieblichen Alltag angewandt, sie weisen aber Schwachstellen auf bezüglich ihres Aufwandes, der vollständigen Berücksichtigung der montagegerechten Produktgestaltung, der Anwendbarkeit für ein breites Produktsprektrum und der Integration in den Konstruktionsprozeß. Teilweise erfolgt die Bestimmung der Montagegerechtheit durch eine verbale, produktspezifische Bewertung. Es fehlen Verfahren, welche insgesamt die Montagegerechtheit von Produkten und Produktkonstruktionen zu unterschiedlichen Phasen im Konstruktionsprozeß bewerten und welche für ein breites Spektrum von Produkten anwendbar sind. Die Integration in den Konstruktionsprozeß ist eine weitere Anforderung an solche Bewertungsverfahren, welche unzureichend berücksichtigt wird.

3.2.3 Fazit der Analyse

An wesentlichen Hilfsmitteln zur montagegerechten Produktgestaltung sind einige Sammlungen von Regeln, teilweise Methoden zur Bewertung der Montagegerechtheit von Produkten und Ansätze für Vorgehensweisen bei der montagegerechten Produktgestaltung bekannt. Wie die Analyse gezeigt hat, sind diese Hilfsmittel meist nicht vollständig, sehr branchen- bzw. produktspezifisch und nicht zusammengehörig, d.h. nicht aufeinander abgestimmt.

In jüngster Vergangenheit wurde ansatzweise versucht, das montagetechnische Wissen dem Konstruktionsprozeß zuzuordnen. In /59/ und /60/ wurden einige Gestaltungsregeln dem Konstruktionsprozeß zugeordnet. Grobe Ansätze einer integrierten Vorgehensweise zur montagegerechten Produktgestaltung sind in /61 und 62/ beschrieben. Das Ziel ist es hierbei, die Hilfsmittel zur montagegerechten Produktgestaltung anwenderorientiert in den Konstruktionsprozeß zu integrieren. Aufbauend auf diesen Ansätzen muß versucht werden, einen montageorientierten Konstruktionsprozeß abzuleiten, in welchem zu allen notwendigen Phasen die montagetechnischen Aspekte berücksichtigt und gegebenenfalls auch bewertet werden können.

3.3 Erarbeiten der Anforderungen an Vorgehensweisen zur montagegerechten Produktgestaltung

Die Analyse des Vorgehens zur montagegerechten Produktgestaltung zeigt, daß Produkte nur dann optimal montagegerecht gestaltet werden können, wenn die montagetechnischen Anforderungen an ein Produkt während des gesamten Konstruktionsprozesses eingebracht werden. Entgegen der üblichen Praxis müssen vor allem bei Konstruktionsbeginn die entscheidenden Hilfsmittel vorhanden sein, um das Rationalisierungspotential durch montagegerechte Produktgestaltung völlig ausschöpfen zu können. Die qualitative Einflußnahme auf die Montagegerechtheit von Produkten ist in Bild 8 anhand der vier Konstruktionsphasen aufgezeigt; sie gibt eine Aussage über die effektive Möglichkeit der Nutzung des Rationalisierungspotentials, d.h. über die tatsächliche Möglichkeit der Senkung des Montageaufwands. Insgesamt nimmt die Einflußnahme während der Produktkonstruktion zu (Einflußnahme kumuliert), die Einflußnahme in den einzelnen Konstruktionsphasen nimmt aber mit zunehmendem Konstruktionsfortschritt ab. Es ist deshalb notwendig, bei der Vorgehensweise zur montagegerechten Produktgestaltung besonders die entscheidenden Möglichkeiten der Einflußnahme auf die Montagegerechtheit zu Beginn der Produktkonstruktion exakt festzulegen.

Die in dieser Arbeit durchgeführten Analysen zum Vorgehen bei der montagegerechten Produktgestaltung und die Auswertung von 34 durchgeführten Projekten auf diesem Gebiet führen zu den folgenden Aussagen:

- Bereits beim Planen eines Produktes muß Klarheit darüber herrschen, daß für das entsprechende Produktspektrum die Montagegerechtheit eine wesentliche Rationalisierungsstrategie ist. Schon bei der Produktidee, dann bei der Klärung der Aufgabenstellung und schließlich beim Erstellen der Anforderungsliste (Forderungen ableiten) ist der Montagegerechtheit ein entsprechender Stellenwert einzuräumen, damit für die weiteren Konstruktionsphasen sämtliche Möglichkeiten für die montagegerechte Gestaltung erhalten bleiben. Die Einflußnahme auf die Montagegerechtheit in dieser Konstruktionsphase ist am entscheidendsten.

- Konkrete Einflußmöglichkeiten sind in der Konzeptionsphase gegeben. Beim Erstellen der Funktionsstruktur, beim Erarbeiten von Lösungsprinzipien und schließlich bei der Erstellung von Konzeptvarianten können konkrete Maßnahmen zum Produktaufbau berücksichtigt werden. Es wird hier der Grundstein für eine montagegeeignete Produktstruktur gelegt. Voraussetzung hierfür ist, daß diese Informationen und Forderungen bereits während der Planungsphase berücksichtigt werden.

- Großer gestalterischer Einfluß ist während der Entwurfsphase möglich. Hier müssen teilweise Einzelteile, aufbauend auf den montagegerechten Konzeptvarianten, so gestaltet werden, daß ein entsprechend geringer Montageaufwand möglich wird. Quantitativ sind in dieser Phase zahlreiche Maßnahmen anzuwenden, deren qualitative Einflußnahme ist aber geringer als die der vorangegangenen Phasen und die Effizienz dieser Maßnahmen ist abhängig von der bereits ausgeübten Einflußnahme in den vorangegangenen Phasen.

- Die effektiv geringste Einflußnahme auf die Montagegerechtheit der Produkte ist während des Ausarbeitens möglich, wenngleich es zur Anwendung in dieser Phase sehr umfangreiche Maßnahmen gibt. Zahlreiche Ansätze zur montagegerechten Produktgestaltung sind daran gescheitert, daß sie erst in dieser Phase begonnen haben, Einfluß auf die Montagegerechtheit zu nehmen. Damit ist die qualitativ bedeutendste Einflußnahme nicht mehr möglich; das Anwenden der zahlreichen Maßnahmen zur montagegerechten Produktgestaltung führt nur noch zu einem verhältnismäßig geringen Rationalisierungspotential (es wird dann nur die Wirkung, nicht die Ursache bekämpft!).

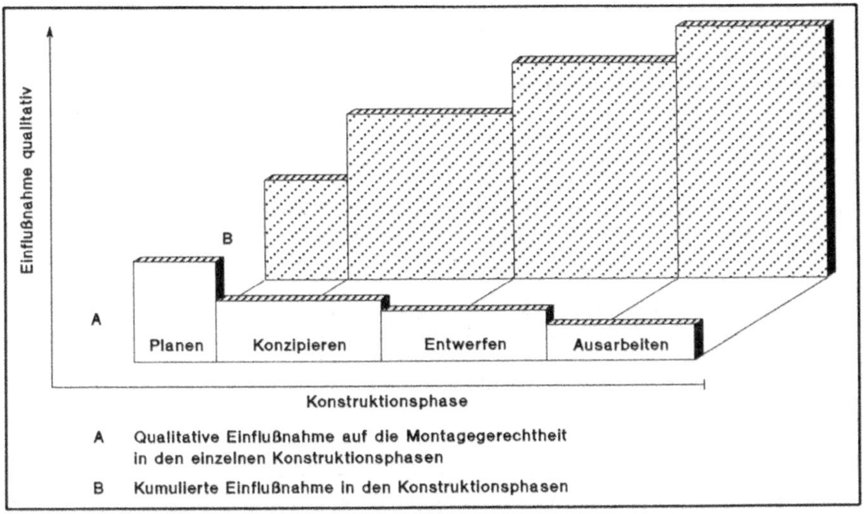

Bild 8: Qualitative Einflußnahme auf die Montagegerechtheit in den einzelnen Konstruktionsphasen.

Deshalb ist für die Umsetzung der montagegerechten Produktgestaltung eine umfassende, integrierte Vorgehensweise notwendig, welche die Möglichkeit bietet, während des gesamten Konstruktionsprozesses die montagetechnischen Belange zu berücksichtigen.

Es wurden deshalb, aufbauend auf der Zielsetzung, die Anforderungen an eine Vorgehensweise zur Integration der montagegerechten Produktgestaltung in den Konstruktionsprozeß erarbeitet. Diese Anforderungen sind in Bild 9 zusammengefaßt. Insbesondere soll es möglich sein, hier Hilfsmittel zur montagegerechten Produktgestaltung systematisch zu integrieren, welche bislang noch nicht ausreichend und noch nicht anwenderorientiert erarbeitet worden sind.

ANFORDERUNGEN AN DIE VORGEHENSWEISE

- Integration aller Hilfsmittel zur montagegerechten Produktgestaltung (eventuell auch alternativer Hilfsmittel)
- Möglichkeit der bedarfsmäßigen Erweiterung
- Rechnerunterstützte Anwendung/möglichst in CAD-Systeme integrierbar
- Anwendbar für die unterschiedlichen Konstruktionsarten
- Parallel zur Produktentwicklung Planung des Montageprozesses ermöglichen
- Ermöglichen der interdisziplinären Zusammenarbeit der maßgeblichen betrieblichen Bereiche
- Anwenderorientierter Aufbau
- Eindeutige Vorgabe des Ablaufs
- Möglichkeit der iterativen Optimierung des Produktes (Schleifen)
- Verwendung/Integration vorhandener Hilfsmittel zur Konstruktion und zur montagegerechten Produktgestaltung
- Möglichkeit der Ausschöpfung des gesamten Rationalisierungspotentials durch montagegerechte Produktgestaltung

Bild 9: Wesentliche Anforderungen an die Vorgehensweise zur montagegerechten Produktgestaltung

Eine systematische Vorgehensweise zur montagegerechten Produktgestaltung muß es ermöglichen, zu allen Phasen im Konstuktionsprozeß mit den richtigen Maßnahmen und Hilfsmitteln Einfluß zu nehmen auf die Montagegerechtheit der Produkte. In diese Vorgehensweise sind sämtliche "Werkzeuge" zu integrieren, so daß ein ganzheitliches Instrumentarium für den gesamten Konstruktionsprozeß zur Verfügung steht.

4 Entwicklung einer umfassenden Vorgehensweise zur montagegerechten Produktgestaltung

4.1 Möglichkeiten der Beeinflussung des Konstruktionsprozesses durch montagegerechte Produktgestaltung

Um montagegerechte Produktgestaltung anwenderorientiert und ganzheitlich umsetzen zu können, ist es notwendig, im Konstruktionsprozeß, wie er in Bild 5 beschrieben ist, die Zeitpunkte zu bestimmen und zu definieren, zu denen eine Beeinflussung der Konstruktion durch montagegerechte Gestaltung möglich ist. Deshalb wird im folgenden definiert, welche Tätigkeiten im Konstruktionsprozeß durch montagegerechte Produktgestaltung beeinflußt werden können, d.h. es wird hier die Spezifizierung der qualitativen Beeinflussungsmöglichkeiten aus Bild 8 durchgeführt. Die Ergebnisse dieser Festlegung sind in der Aufzählung von Bild 10 zusammengefaßt.

Die Beeinflussung einer Konstruktion durch montagegerechte Produktgestaltung erfolgt durch die zahlreich notwendigen Hilfsmittel, wie sie in Bild 7 zusammengestellt wurden. Zu den Möglichkeiten der Beeinflussung der Montagegerechtheit im Konstruktionsprozeß sind nun für die Hilfsmittel die entsprechenden Zeitpunkte zu bestimmen, um hiervon dann eine entsprechende Vorgehensweise zur montagegerechten Produktgestaltung ableiten zu können. Deshalb wurden die in Bild 10 erarbeiteten Möglichkeiten zur Beeinflussung von Konstruktionstätigkeiten durch montagegerechte Produktgestaltung den notwendigen Hilfsmitteln von Bild 7 gegenübergestellt. Hiervon abgeleitet wurde die Zuordnung der Hilfsmittel zur montagegerechten Produktgestaltung zu den einzelnen Phasen im Konstruktionsprozeß. Diese Zusammenfassung ist in Bild 11 dargestellt; es ist hier gekennzeichnet, zu welchen Konstruktionsphasen die einzelnen Hilfsmittel Anwendung finden.

KONST. PHASE	KONSTRUKTIONS-TÄTIGKEIT	BEEINFLUSSUNG DURCH MONTAGEGERECHTE PRODUKTGESTALTUNG
1 PLANEN	1.2 Aufgabenstellung klären	• allgemeine Anforderungen zur montagegerechten Produktgestaltung berücksichtigen • Informationen über bestehende Montageanlagen, Ziele im Montagebereich und über zukünftig geplante Montageanlagen beschaffen
	1.3 Anforderungsliste erstellen	• Montagegerechte Produktgestaltung als Ziel aufnehmen • Montagegerechte Produktgestaltung explizit als Forderung formulieren • Zielvorgaben zur Produktstrukturierung, Schnittstellenstandardisierung, Variantenvielfalt etc. machen
2 KONZIPIEREN	2.2/.3 Funktionsstrukturen aufstellen und variieren	• Erstellung und Auswahl einer geeigneten Funktionsstruktur, die die Bildung montagegerechter Baugruppen mit folgenden Eigenschaften erlaubt: - offene Produktstruktur - separat vormontierbare und prüfbare Baugruppen - möglichst viele variantenneutrale Baugruppen
	2.4 Lösungsprinzipien für jede Teilfunktion ermitteln	• Auswahl der prinzipiellen Gestaltung von Effekten unter montagetechnischen Gesichtspunkten (Handhaben, Fügen,...)
	2.5 Lösungsprinzipien auswählen	• Bewertung der Montagegerechtheit (z.B. Nutzwertanalyse/Checklisten)
	2.7 Konzeptvarianten erstellen	• Erstellung von grobmaßstäblichen Skizzen unter Berücksichtigung der Regeln zur montagegerechten Produktgestaltung (Gewährleistung einfacher Montageabläufe, Reduzierung und Vereinheitlichung von Bauteilen ...)
	2.8 Konzeptvarianten bewerten und auswählen	• Abschätzung, Bewertung der Montagegerechtheit der Konzeptvarianten
3 ENTWERFEN	3.1/.2 Grobgestaltung der Funktionsträger	• Darstellung der räumlichen Randbedingungen (Fügefreiräume, Zugänglichkeit...) • Montagegerechte Gesamtgestaltung durch - Reduzierung und Standardisierung von Bauteilen - Montagegerechte Gestaltung von Bauteilen - Vereinfachung von Fügevorgängen - Erleichterung von Handhabung und Kontrolle
	3.3 Auswählen geeigneter Teilentwürfe	• Abschätzung/Bewertung der Montagegerechtheit
	3.4 Feingestaltung des Funktionsträgers	• Standardisierung von Schnittstellen, Einzelteilen sowie der Verbindungstechnik • Reduzierung und Optimierung von Einzelteilen/Gestaltung der Einzelteile • Vereinfachung von Verbindungstechniken, der Fügeaufgabe sowie des Justierens und Anpassens • Reduzierung von Nach-, Dichtarbeiten etc. • Optimierung der Fertigung und Werkstoffe • Einführung wirtschaftlicher Fügeverfahren
	3.8 Vervollständigen des Entwurfs	• Bewertung der Montagegerechtheit • Montage/Demontage überprüfen
4 AUSARBEITEN	4.1 Detaillieren	• Detailoptimierungen, meist nur am Einzelteil • evtl. gesamtheitliche Bewertung der Montagegerechtheit

Bild 10: Möglichkeiten der Beeinflussung des Konstruktionsprozesses durch montagegerechte Produktgestaltung

KONSTRUKTIONS-SCHRITTE / HILFSMITTEL ZUR MONTAGEGERECHTEN PRODUKTGESTALTUNG	KREATIV						KORREKTIV				
	Gestaltungsregeln	Beispielsammlung	Relativkosten	Teileverwendungsnachweis	Konkurrenzanalyse	Montagevorranggraph	Kalkulatorische Hilfsmittel	Wertanalyse (WA)	Nutzwertanalyse (NWA)	Checkliste	Bewertungsverfahren
1 PLANUNGSPHASE											
1.1 Bedarf erkennen					●						
1.2 Aufgabenstellung klären	●				●		●	●	●		
1.3 Anforderungsliste erstellen										●	
1.4 Freigabe zum Konzipieren											
2 KONZEPTPHASE											
2.1 Funktion analysieren					●						
2.2 Funktionsstruktur aufstellen	●									●	
2.3 Funktionsstruktur variieren	●								●	●	
2.4 Lösungsprinzipien für jede Teilfunktion ermitteln	●	●	●		●	●					
2.5 Lösungsprinzipien auswählen									●	●	
2.6 Lösungsvarianten bilden									●		
2.7 Konzeptvarianten erstellen	●	●	●	●		●					
2.8 Konzeptvarianten bewerten und auswählen						●	●	●	●	●	●
3 ENTWURFSPHASE											
3.1 Grobgestalten der gesaltungsbestimmenden Hauptfunktionsträger	●	●	●	●							
3.2 Grobgestalten der restlichen Hauptfunktionsträger	●	●	●	●							
3.3 Auswählen geeigneter Teilentwürfe							●	●	●		●
3.4 Feingestalten der Haupt- und Nebenfunktionsträger	●	●									
3.5 Kontrollieren und Verbessern der Entwürfe				●						●	●
3.6 Kontrolle auf Fehler und Störgrößeneinfluß											
3.7 Kostendeckung überprüfen							●				
3.8 Vervollständigen des Entwurfs	●	●		●							●
3.9 Festlegen des Entwurfs							●		●	●	●
4 AUSARBEITUNGSPHASE											
4.1 Detaillieren	●	●		●							
4.2 Vorschriften erarbeiten				●		●					
4.3 Prüfen der Fertigungsunterlagen											
4.4 Freigabe für die Fertigung							●				●

Bild 11: Zuordnung der Hilfsmittel zur montagegerechten Produktgestaltung zu den einzelnen Phasen im Konstruktionsprozeß

Bezüglich ihrer Effizienz haben die hier aufgeführten Hilfsmittel unterschiedliche Bedeutung, was zum Teil auch durch den Zeitraum bestimmt wird, zu welchem diese Hilfsmittel beim Konstruieren Anwendung finden. Dieser Einfluß ist im montageorientierten Konstruktionsprozewß zu berücksichtigen.

4.2 Entwickeln des montageorientierten Konstruktionsprozesses

Das Entwickeln technischer Produkte erfolgt nach dem in Kapitel 3.1.2 beschriebenen systematischen Konstruktionsprozeß. In diesen Konstruktionsprozeß integriert werden müssen nun die Hilfsmittel zur montagegerechten Produktgestaltung entsprechend der Zuordnung von Bild 11. Die Hilfsmittel zum konstruktiven Gestalten des Produktes müssen die Hilfsmittel zum Bewerten der Konstruktion ergänzen. Die Montagegerechtheit muß zu fest vorgegebenen Schritten im Konstruktionsprozeß überprüft und gegebenenfalls durch gezielte Umkonstruktion verbessert werden. Im konstruktiven Ablauf sind dann mehrere, dafür aber kurze iterative Schleifen zu durchlaufen. Dadurch werden lange, aufwendige Produktentwicklungen, welche nach einer späteren Kontrolle eventuell wieder geändert werden müssen, vermieden.

In Bild 12 ist die Zuordnung der Hilfsmittel aus Bild 11 spezifiziert und zu einer Synthese, einem montageorienterten Konstruktionsprozeß, zusammengefaßt. Es sind hier dem Konstruktionsprozeß nach VDI /16, 17/ die erforderlichen Hilfsmittel zur montagegerechten Produktgestaltung und die notwendigen Möglichkeiten zur Bewertung der Montagegerechtheit zugeordnet.

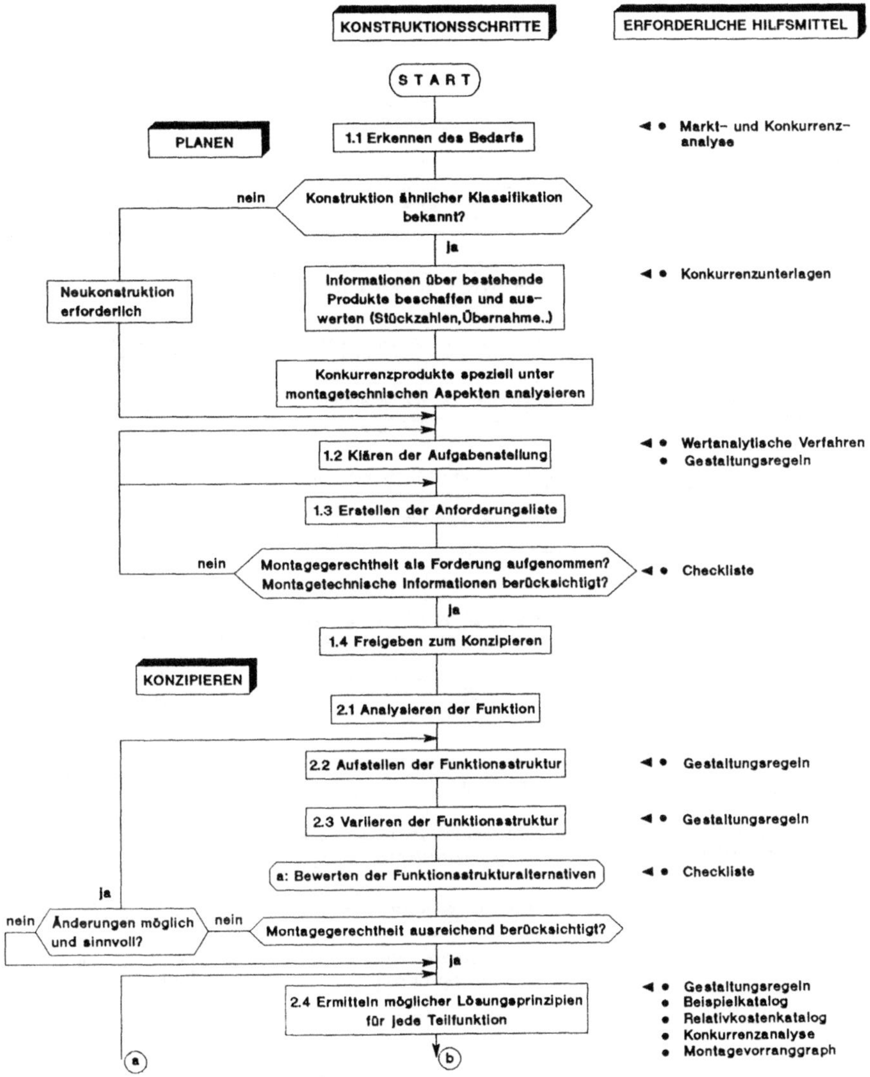

Bild 12: Montageorientierter Konstruktionsprozeß mit erforderlichen Hilfsmitteln und Bewertungsschleifen

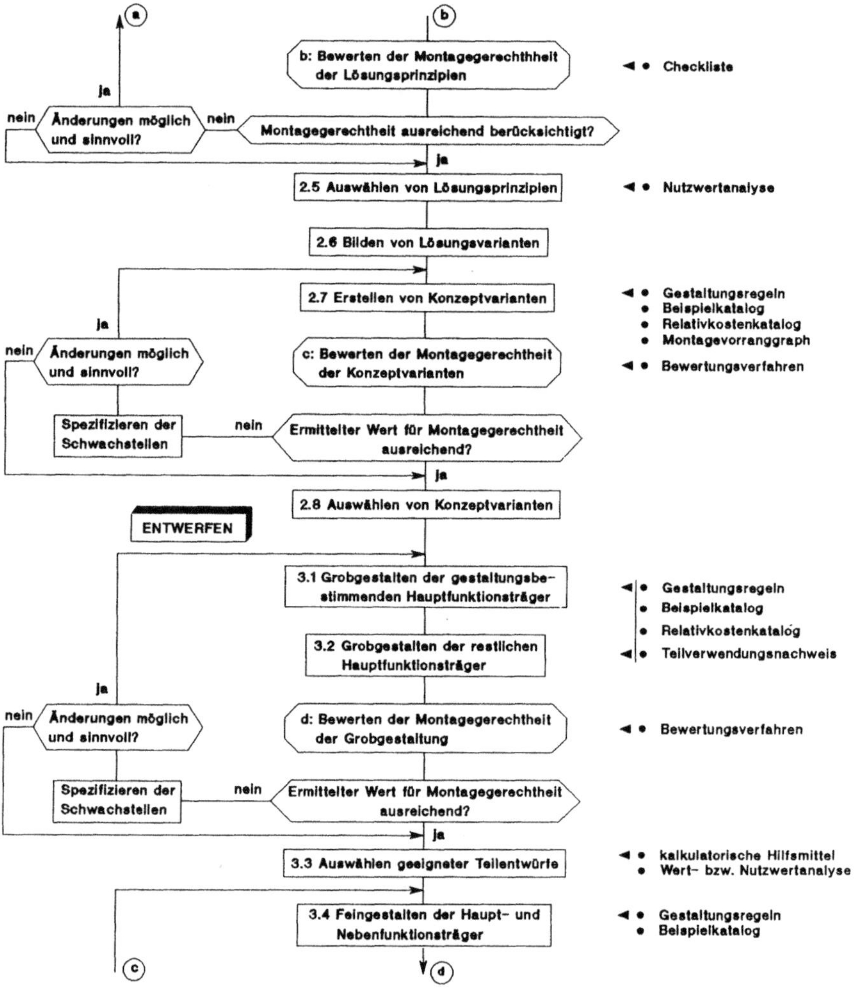

Bild 12: Montageorientierter Konstruktionsprozeß
(1. Fortsetzung)

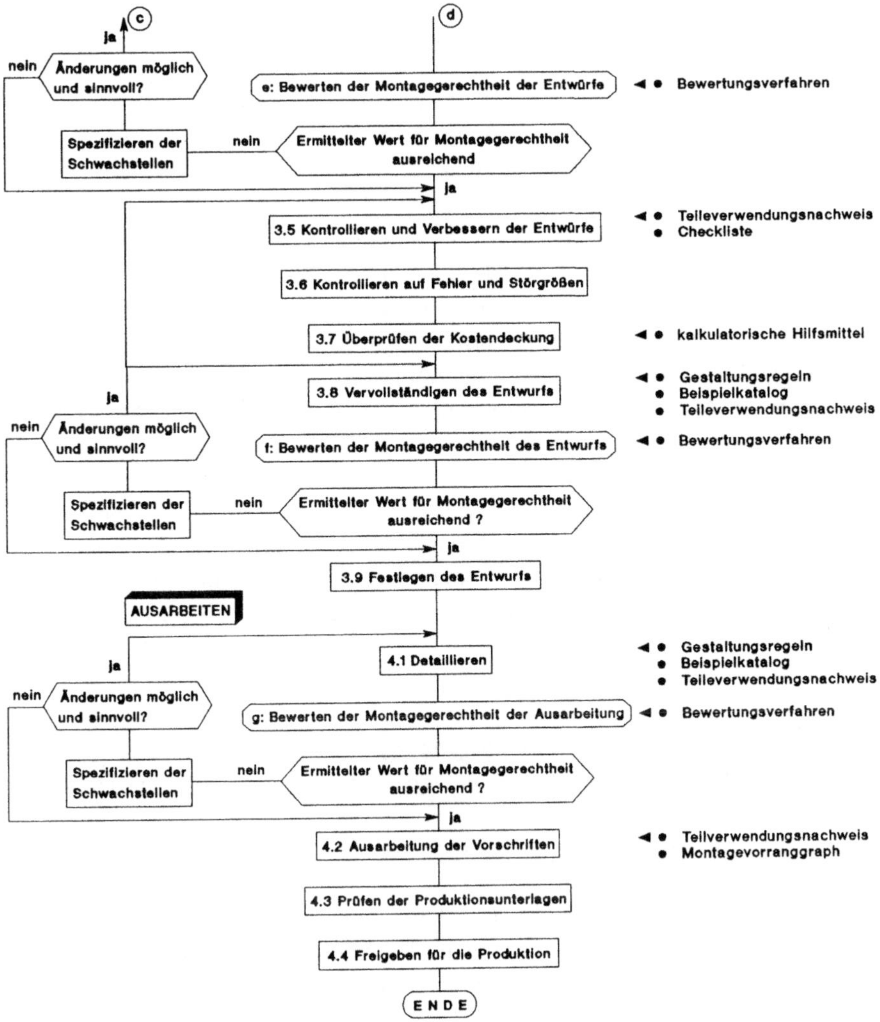

Bild 12: Montageorientierter Konstruktionsprozeß
(2. Fortsetzung)

Bei der Entwicklung des montageorientierten Konstruktionsprozesses hat sich gezeigt, daß von den zahlreichen, anzuwendenden Hilfsmitteln vor allem den zielgerichteten Gestaltungsregeln und der Bewertung der Montagegerechtheit eine zentrale Bedeutung beizumessen ist. Zu unterschiedlichen Phasen im Konstruktionsprozeß können entsprechend unterschiedliche Regeln die Produktkonstruktion aus montagetechnischer Sicht beeinflussen, und nach Abschluß entsprechender Phasen im Konstruktionsprozeß ist eine Bewertung der Montagegerechtheit notwendig, welche dann eine eindeutige Aussage darüber macht, ob die Konstruktion montagetechnisch verbessert werden muß oder nicht. Bei einer montagetechnischen Überarbeitung ist eine Aussage zu machen, inwieweit die spezifischen Schwachstellen montagetechnisch verbessert werden können.

Da unter den Hilfsmitteln zur montagegerechten Produktgestaltung die Gestaltungsregeln und die Bewertung der Montagegerechtheit eine dominierende Rolle einnehmen, stellen sie bei der weiteren Ausführung einen vertiefenden Schwerpunkt dar.

4.3 Aufstellen der Anforderungen an die wesentlichen Teilsysteme zur montagegerechten Produktgestaltung

4.3.1 Anforderungen an Gestaltungsregeln

Aus der Zuordnung der Hilfsmittel zur montagegerechten Produktgestaltung zu den Konstruktionsphasen von Bild 11 ist zu ersehen, daß Gestaltungsregeln zu nahezu allen kreativen Konstruktionsschritten Anwendung finden. Entsprechend der Konstruktionstätigkeit sind unterschiedliche Hinweise zum montagegerechten Gestalten notwendig, welche in entsprechenden Gestaltungsregeln zusammengefaßt werden können. Die Anforderungen an eine umfassende Sammlung von Gestaltungsregeln wurden in Bild 13 erarbeitet und zusammenfassend dargestellt.

ANFORDERUNGEN AN GESTALTUNGSREGELN

- Bereitstellen des gesamten notwendigen montagetechnischen Wissens bereits beim Konstruieren (muß alle Regeln zur montagegerechten Produktgestaltung beinhalten)
- Informationen in richtigem Detaillierungsgrad für alle Konstruktionsphasen bereitstellen
- Informationen dem Wissensstand des Konstrukteurs angepaßt (nicht zu simpel, nicht zu komplex)
- Mit wenig Aufwand anwendbar/einfache Handhabung
- Vergleichbare Beschreibung/Darstellung der Regeln
- Zielgerichtet anwendbar während des Konstruierens/klar strukturiert (gezielter Zugriff möglich)
- Eindeutige Aussage bezüglich zeitlicher Anwendung im Konstruktionsprozeß
- Hinweise auf Gültigkeit der Regeln für unterschiedliche Montageprinzipien
- Beinhalten von branchen-/produktneutralen und -spezifischen Regeln
- Erweiterbar um spezifische Regeln
- Integrierbar in rechnerunterstützte Konstruktionssysteme

Bild 13: Anforderungen an Gestaltungsregeln zur montagegerechten Produktgestaltung

4.3.2 Anforderungen an Verfahren zur Bewertung der Montagegerechtheit

Ein erfolgreiches Arbeiten kann sukzessive erfolgen, indem die kreativen Schritte bei den Konstruktionstätigkeiten sich mit kontrollierenden Schritten abwechseln. Um diese Überprüfung möglichst objektiv zu ermöglichen, müssen entsprechende Verfahren zur Bewertung der Montagegerechtheit schon verhältnismäßig früh im Konstruktionsprozeß durchgeführt werden und dann nach allen entscheidenden Konstruktionsschritten wieder erfolgen, bis zur Freigabe der Konstruktion für die Fertigung. Entsprechend dem Detaillierungsgrad zu unterschiedlichen Konstruktionsschritten sind Aussagen über die Montagegerechtheit zu machen, welche eine eindeutige Entscheidung über die Weiterführung ermöglichen. Die Anforderungen an Verfahren zur Bewertung der Montagegerechtheit von Produkten wurden unter dieser Zielsetzung erarbeitet und sind in Bild 14 zusammengefaßt.

Anforderungen an Verfahren zur Bewertung der Montagegerechtheit

- Anwenderorientierte, einfache, eindeutige Anwendung
- Möglichst geringer Aufwand
- Integrierbar in üblichen Konstruktionsprozess/in jeweils auszuführende Konstruktionstätigkeiten
- Eindeutige, aussagekräftige, vergleichende Ergebnisse durch Bewertung
- Gegebenenfalls Hinweis auf Möglichkeit zur Verbesserung der Montagegerechtheit
- Bewertung der Montagegerechtheit muß zu allen entscheidenden Konstruktionsphasen möglich sein
- Eindeutige, objektive Bewertung der montagegerechten Gestaltung von Produkten auch zu unterschiedlichem Konstruktionsfortschritt
- Ganzheitliche Berücksichtigung der Montage während allen Phasen im Konstruktionsprozess
- Anwendbar für ein möglichst breites Produktspektrum
- Möglichkeit der Erfolgskontrolle einer Umkonstruktion (ermöglichen des sukzessiven Verbesserns einer Konstruktion)

Bild 14: Anforderungen an Verfahren zur Bewertung der Montagegerechtheit von Produkten

5 Erstellen von Gestaltungsregeln zur montagegerechten Produktgestaltung

Ein wesentliches Hilfsmittel zur Umsetzung der montagegerechten Produktgestaltung sind anwenderorientierte Gestaltungsregeln, welche möglichst allgemeingültig ausgeführt sind und bedarfsweise branchen- oder produktspezifisch erweiterbar sind.

5.1 Gliederung der Gestaltungsregeln

Gestaltungsregeln stellen eine Sammlung bekannter und bewährter Lösungen für bestimmte konstruktive Aufgaben und Teilfunktionen dar, welche sinnvoll in Katalogen zusammengefaßt werden können. Kataloge müssen allgemeine Forderungen erfüllen wie:

- schneller, aufgabenorientierter Zugriff
- weitgehende Vollständigkeit des gesammelten Lösungsspektrums
- Anwendbarkeit bei konventioneller Konstruktion und bei Rechnereinsatz /63/.

Um die Handhabbarkeit und den schnellen Zugriff von Katalogen zu gewährleisten, ist ein entsprechender Aufbau mit Gliederungs-, Haupt- und Zugriffsteil notwendig. Diese Teile berücksichtigen den Konkretisierungsgrad und die Komplexität der gespeicherten Lösungen. Kataloge mit derartigem Aufbau haben sich schon für unterschiedliche Bereiche bewährt mit einer guten Akzeptanz bei Konstrukteuren.

Deshalb ist der hier entwickelte Katalog mit Gestaltungsregeln zur montagegerechten Produktgestaltung entsprechend aufgebaut worden mit einem Gliederungs-, Haupt- und Zugriffsteil. Im Gliederungsteil wird unterteilt in:

1 Maßnahmen am Produktaufbau
2 Maßnahmen an Baugruppen
3 Maßnahmen an Einzelteilen und
4 Maßnahmen zu Verbindungstechniken.

Die einzelnen Maßnahmen sind dann noch bezüglich ihrer wichtigsten Merkmale untergliedert, wie dies in Bild 15 ausgeführt ist. Dieser Gliederungsteil gewährleistet einen schnellen, zielgerichteten Zugriff auf die gewünschten Informationen. Hierzu ist den einzelnen Gliederungspunkten die Seitenzahl zugeordnet, auf welcher die zugehörigen Gestaltungsregeln aufgezeigt sind. Eine sinnvolle Begrenzung des Katalogumfangs ergibt sich durch die Beschränkung auf die wichtigsten Regeln. Branchen- oder produktspezifische Regeln werden noch nicht berücksichtigt; sie können aber in die einzelnen Gliederungspunkte bedarfsmäßig eingefügt werden. Damit wird für den Katalog ein breites Anwendungsspektrum gewährleistet.

5.2 Katalog von Gestaltungsregeln für den montageorientierten Konstruktionsprozeß

Im Hauptteil des Kataloges werden die eigentlichen Gestaltungsregeln zur montagegerechten Produktgestaltung entsprechend der vorgegebenen Gliederung aufgeführt (Bild 16). Hier sind die Gestaltungsregeln so detailliert ausgearbeitet, daß sie dem Konstrukteur konkrete Gestaltungshinweise vermitteln. Es handelt sich hier um produkt- und branchenspezifisch erweiterbare Regeln, primär für klein- und mittelvolumige Produkte.

Um die Handhabbarkeit und den Zugriff anwenderorientiert gestalten zu können, werden die Regeln in noch weitere Zugriffsmerkmale gegliedert. Es ergibt sich somit der Katalog mit zweidimensionalem Zugriff, bei dem folgende Merkmale unterschieden werden:

Gliederungsteil KATALOG GESTALTUNGSREGELN		
Nr.	Maßnahmen	Katalog-seite
1	Maßnahmen am Produktaufbau	
1.1	Schaffung der Montagevoraussetzungen	1
1.2	Erstellung montagegerechter Funktionsstrukturen	1
1.3	Erstellung montagegerechter Baugruppenstrukturen	1
1.4	Gewährleistung einfacher Montageabläufe	1
2	Maßnahmen an Baugruppen	
2.1	Reduzierung der Einzelteile	1
2.2	Vereinheitlichung von Bauteilen	1
2.3	Gestaltung des Basisteils	2
2.4	Vereinfachung der Fügevorgänge	2
2.5	Erleichterung der Handhabung	2
2.6	Vermeidung von Nacharbeit	2
2.7	Reduzierung der Dichtarbeiten	3
2.8	Erleichterung der Kontrolle	3
3	Maßnahmen an Einzelteilen	
3.1	Geometrie der Einzelteile	3
3.2	Gestaltung der Einzelteile	3
3.3	Fertigung, Werkstoff	3
4	Maßnahmen zu Verbindungstechniken	
4.1	Vereinfachung der Verbindungstechniken	4
4.2	Vereinfachung der Fügeaufgaben	4
4.3	Einführung wirtschaftlicher Fügeverfahren	4
4.4	Vereinfachung von Justieren und Anpassen	4

Bild 15: Gliederungsteil des Kataloges der Gestaltungsregeln

- o Wichtigkeit der Regeln:
  Die Regeln werden unterteilt in A-, B- und C-Regeln. Die A-Regeln umfassen in groben Zügen das gesamte Spektrum an relevanten Regeln. Dem erfahrenen Konstrukteur wird es dadurch ermöglicht, nur diese Regeln anzuschauen, um bei seiner Konstruktion alle Maßnahmen zur montagegerechten Produktgestaltung zu berücksichtigen. Für den weniger erfahrenen Konstrukteur ist es notwendig, ebenfalls die B- und gegebenenfalls auch die C-Regeln zu studieren.
  Die Unterscheidung nach der Wichtigkeit der Regeln gewährleistet auch eine Anwendung der wichtigsten Maßnahmen zur montagegerechten Produktgestaltung bei Terminnot. Es ist besser, sich in diesen Fällen gezielt auf wenige wesentliche Maßnahmen zu konzentrieren (A-Regeln), als die montagegerechte Gestaltung der Produkte dem Zufall zu überlassen.

- o Zuordnung zu den Phasen im Konstruktionsprozeß:
  Damit wird dem Konstrukteur der Bereich des Konstruktionsprozesses angegeben, in dem er die einzelnen Regeln zu berücksichtigen hat. Dadurch wird die Vielfalt der Regeln in den einzelnen Konstruktionsphasen wesentlich reduziert; es wird eine zielgerichtete, anwenderorientierte Benutzung des Katalogs ermöglicht.

Als weiteres Zugriffsmerkmal eignet sich die Gültigkeit der Regeln für ein bestimmtes Montageprinzip, insbesondere bei firmenspezifisch erweiterten Katalogen. Auf die Unterscheidung der Gültigkeit für manuelle und automatische Montage wurde bei diesem Katalog verzichtet, da es sich um relativ allgemeingültige Regeln handelt.

Als Ergänzung zu den Gestaltungsregeln des Hauptteils wurde als Anhang eine Sammlung von durchnummerierten Beispielen erarbeitet. Hier sind Regeln mit Positiv- oder Negativbeispielen weiter vertieft. Da diese Beispielsammlung nur firmen- bzw. produktspezifisch aufgebaut werden konnte, ist hierfür ein separater Anhang vorgesehen, welcher aber aus

Geheimhaltungsgründen in dieser Arbeit nicht aufgeführt werden kann.

Durch die detaillierte Gliederung wurde eine offene Struktur des Kataloges erreicht, welche nicht nur eine spezifische Erweiterung durch Bildbeispiele, sondern auch eine Erweiterung oder Anpassung an firmen-, branchen-, produkt-, normenspezifische oder sonstige Gegebenheiten ermöglicht. Der Aufbau in Form eines Konstruktionskataloges sowie die konsequente Untergliederung ermöglichen das Anlegen von Rechnerdateien für solche Regeln. Diese Dateien sind dann in CAD-Systeme zu integrieren. Dadurch wird die Zuordnung der Gestaltungsregeln zu den einzelnen Konstruktionsphasen und generell ein rascher, gezielter Zugriff durch den Konstrukteur optimal ermöglicht. Dies sind wichtige Voraussetzungen für einen breiten Einsatz und eine effiziente Anwendung dieser Hilfsmittel für die montagegerechte Produktgestaltung.

Nr.	Wichtigkeit	GESTALTUNGSREGEL - Seite 1 -	Konstr.-phase
1		MASSNAHMEN AM PRODUKTAUFBAU	
1.1		Schaffung der Montagevoraussetzungen	
1.1.1	A	Die gestellte Aufgabe muß montagetechnisch grundsätzlich lösbar sein.	1.2
1.1.2	A	Betriebliche Montagebedingungen in die Konstruktionsplanung einbeziehen und in der Anforderungsliste berücksichtigen.	1.2
1.1.3	A	Betriebliche Planziele und -strategien im Montagebereich berücksichtigen.	1.2
1.1.4	A	Berücksichtigen neuer Montage- und Fügetechnologien.	1.2/2.4
1.1.5	A	Montagegerechtheit als Ziel in die Anforderungsliste aufnehmen und explizit formulieren.	1.2
1.2		Erstellung montagegerechter Funktionsstrukturen	
1.2.1	A	Funktionen auf ihre Notwendigkeit überprüfen.	2.2
1.2.2	B	Funktionsstruktur geringer Komplexität anstreben.	2.2
1.2.3	A	Funktionsstruktur so anlegen, daß Baugruppen aus ihr abgeleitet werden können.	2.2
1.2.4	A	Zusammenfassen von Teilfunktionen zu Funktionskomplexen, die montagegerechte Baugruppenstrukturen ermöglichen.	2.2
1.2.5	A	Wenn möglich, vorhandenes Baukastensystem verwenden oder ein Baukastensystem anstreben.	2.2
1.2.6	A	Variantenbehaftete Bauteile/-gruppen möglichst spät im Montageablauf planen.	2.2
1.3		Erstellung montagegerechter Baugruppenstrukturen	
1.3.1	A	Sinnvolles Zusammenfassen von Teilfunktionen zu Funktionsgruppen, die eine montagegerechte Baugruppenstruktur ermöglichen.	2.2
1.3.2	B	Nebenfunktionsträger in Hauptfunktionsträger integrieren.	2.3
1.3.3	B	Varianten auf spezielle Baugruppen konzentrieren / seltene Funktionen in separate Bauteile legen.	2.3/2.7
1.3.4	C	Umfänge der einzelnen Baugruppen begrenzen.	2.3
1.3.5	A	Unabhängig voneinander vormontierbare und prüfbare Baugruppen bilden.	2.3/2.7
1.3.6	B	Käuflichkeit von Baugruppen in Betracht ziehen.	2.3
1.4		Gewährleistung einfacher Montageabläufe	
1.4.1	A	Montageoperationen zusammenfassen und Endmontageumfänge in Vormontagen verlagern.	2.4/3.1/3.8
1.4.2	B	Alternative Montagereihenfolgen ermöglichen.	2.7
1.4.3	A	Vereinheitlichung des Montageablaufs unterschiedlicher Typen/Varianten.	2.7
1.4.4	B	Montage variantenbildender Bauteile/-gruppen möglichst spät im Montageablauf planen.	2.7/3.8
1.4.5	B	Werkzeugeinsatz optimieren (u.a. Normwerkzeuge vorsehen).	3.1
2		MASSNAHMEN AN BAUGRUPPEN	
2.1		Reduzierung der Bauteile	
2.1.1	A	Bauteile zusammenfassen, die sich nicht zueinander bewegen müssen.	2.7/3.1
2.1.2	A	Bauteile zusammenfassen, die aus Montagegründen nicht getrennt sein müssen.	2.7/3.1
2.1.3	A	Bauteile zusammenfassen, die nicht aus verschiedenen Werkstoffen bestehen müssen.	2.7/3.1
2.1.4	A	Bauteile weglassen, deren Funktion von anderen Bauteilen übernommen werden kann (Integralbauweise).	3.1
2.1.5	A	Bauteile zusammenfassen, mit gleicher bzw. unterschiedlicher Funktion.	3.1
2.1.6	B	Vormontierte Bauteile verwenden, welche käuflich erhältlich sind.	2.7/3.1
2.2		Vereinheitlichung von Bauteilen	
2.2.1	A	Bauteilevielfalt reduzieren (identische Bauteile mehrfach verwenden).	2.4/2.7/3.1
2.2.2	A	Bauteile mit unterschiedlicher Geometrie, aber gleicher Funktion vereinheitlichen.	2.7/3.3
2.2.3	B	Einheitliche Montageverfahren ermöglichen.	3.1
2.2.4	B	Einheitliche Reihenfolge der Montageverfahren für möglichst viele Bauteile anstreben.	3.1
2.2.5	A	Baugruppenstruktur und ihre Aufteilung so wählen, daß die Baugruppen weitgehend unabhängig voneinander sind.	2.7
2.2.6	B	Vermaßung der Baugruppen mit Angabe der Fügetoleranzen zwischen den Montagepunkten vorsehen.	3.1/3.8

A - sehr wichtige, B - wichtige, C - etwas weniger wichtige Regel

Bild 16: Konstruktionskatalog für Gestaltungsregeln

- Seite 2 -

Nr.	Wichtigkeit	GESTALTUNGSREGEL	Konstr.-phase
2.3		Gestaltung des Basisteils	
2.3.1	A	Baugruppen auf Basisteil aufbauen (möglichst gesamte Baugruppe auf einem Basisteil).	2.7/3.1
2.3.2	B	Basisteil soll eine gute Lagestabilität besitzen.	3.1
2.3.3	B	Basisteil soll möglichst große und ebene Auflageflächen besitzen.	2.7/3.1
2.3.4	A	Basisteil offen gestalten, so daß Zugänglichkeit von allen Richtungen möglich ist.	2.7/3.1
2.3.5	A	Basisteil zentrierfähig gestalten.	3.1
2.3.6	A	Fügeflächen am Basisteil so anordnen, daß sie von einer Fügerichtung aus erreichbar sind.	3.1
2.3.7	C	Maßbasen als Basisteil wählen bzw. als Basisteil gestalten.	3.1/4.1
2.3.8	B	Geeignete Werkstoffe auswählen (federelastische Werkstoffe einsetzen, fügegerechte Werkstoffe einsetzen, Werkstoffpaarung auf Verträglichkeit überprüfen).	3.1
2.4		Vereinfachung des Fügevorgangs	
2.4.1	A	Positionierhilfen vorsehen.	3.1
2.4.2	C	Bezugsflächen und -kanten zum einfachen Positionieren vorsehen.	3.1/4.1
2.4.3	B	Gleichzeitiges Fügen und Positionieren ermöglichen.	3.1
2.4.4	B	Bauteile bei jedem Fügevorgang in eindeutiger, gegen unerwünschte Veränderung stabiler Lage fixieren.	3.4
2.4.5	B	Gleichzeitiges Fügen mehrerer Bauteile vermeiden.	3.1
2.4.6	C	Bauteile sollen zueinander nur geringe Anzahl von gemeinsamen Fügeflächen haben.	3.1
2.4.7	A	Geradlinige Fügebewegungen, horizontal oder vertikal, vorsehen.	3.1
2.4.8	A	Bauteile innerhalb einer Baugruppe nur aus einer Richtung montieren.	3.1
2.4.9	C	Schachtelbauweise anstreben, d.h. das zuletzt gefügte Bauteil sichert den gesamten Verband.	3.1
2.4.10	A	Gute Zugänglichkeit und Sichtbarkeit der Fügestellen gewährleisten.	3.1
2.4.11	B	Ausreichend Platz für Fügebewegungen vorsehen.	3.1
2.4.12	C	Fügefunktionen standardisieren.	3.1
2.5		Erleichterung der Handhabung	
2.5.1	B	Bauteile mit hohem Ordnungsgrad gestalten.	3.1
2.5.2	C	Hauptabmessungen aus Handhabungsgründen begrenzen.	3.1
2.5.3	A	Baugruppengewicht begrenzen.	3.1
2.5.4	A	Greifflächen so gestalten, daß Greifen möglichst einfach ist.	3.1
2.5.5	B	a) Standardisierte Greifflächen vorsehen. b) Standardisierte Handhabungsfunktionen anstreben.	3.1
2.5.6	A	Greif- und Manipuliermöglichkeiten im Schwerpunkt vorsehen.	3.1
2.5.7	C	Bauelemente unempfindlich gegen Bruch, Formänderung und Oberflächenbeschädigung gestalten.	3.1
2.5.8	C	Konstruktiv saubere Oberflächen (nicht klebrig oder schmierig) vorsehen.	3.1
2.5.9	A	Wenden der Baugruppe während der Montage vermeiden.	3.1
2.5.10	C	Sicherungsoperationen vereinfachen bzw. vermeiden.	3.1
2.5.11	B	Gleichzeitiges Halten mehrerer Bauteile vermeiden.	3.1
2.5.12	B	Werkzeugeinsatz minimieren bzw. optimieren.	3.1
2.5.13	A	Schwer handhabbare Werkstücke magazinierbar bzw. stapelbar gestalten.	3.1
2.6		Vermeidung von Nacharbeit	
2.6.1	C	Reinigungsarbeit vermeiden.	3.4
2.6.2	B	Vor- und Nacharbeiten am Beginn und am Ende des Montageprozesses ermöglichen.	3.4
2.6.3	A	Entgraten und Spänebildung im Montagebereich vermeiden.	3.4
2.6.4	C	Beschichten und Konservieren vermeiden.	3.4
2.6.5	B	Zusatz-, Sonderbaugruppen und Verschleißteile sollen keine Basiselemente für andere Bauteile zur Verwirklichung von Hauptfunktionen sein.	3.4
2.6.6	C	Zusatz-, Sonderbaugruppen und Verschleißteile als Module gestalten, so daß Kundenwünsche, Instandhaltung oder Weiterentwicklungen leichter durchführbar sind.	3.4

Bild 16: Konstruktionskatalog für Gestaltungsregeln (1. Fortsetzung)

Nr.	Wichtigkeit	GESTALTUNGSREGEL - Seite 3 -	Konstr.-phase
2.7		Reduzierung der Dichtarbeiten	
2.7.1	B	Abzudichtende Räume klein halten und Isolieren von Funktionsräumen, die nicht abzudichten sind.	3.4
2.7.2	B	Wenig abzudichtende Öffnungen vorsehen.	3.4
2.7.3	B	Dichtflächen gering halten.	3.4
2.7.4	B	Standardisierte Dichtöffnungen, -flächen und -räume vorsehen.	3.4
2.7.5	B	Rationelle, zuverlässige Dichtmittel verwenden.	3.4
2.7.6	C	Bei Flüssigkeitsdichtungen definierte Absätze / Leisten vorsehen, um Verschmutzung zu vermeiden.	3.4
2.7.7	B	Beschädigungen von Dichtteilen verhindern (nicht scharfkantig).	3.4
2.8		Erleichterung der Kontrolle	
2.8.1	A	Unabhängig voneinander prüfbare Funktionsgruppen vorsehen.	2.3
2.8.2	C	Einfache Meßverfahren vorsehen.	3.1
2.8.3	C	Einfache Meßwertauswertung ermöglichen (z.B.elektron. Verarbeitung)	3.1
2.8.4	A	Beobachtung des Fügevorganges ermöglichen.	3.1
2.8.5	A	Sichtkontrolle ermöglichen.	3.1
3		MASSNAHMEN AM EINZELTEIL	
3.1		Geometrie des Einzelteils	
3.1.1	B	Ausgeprägte Stand- und Auflageflächen für gute Lagestabilität vorsehen.	4.1
3.1.2	B	Ordnungsmerkmale und Orientierungshilfen vorsehen.	3.4/4.1
3.1.3	B	Erkennungsmerkmale vorsehen, um Verwechslungen auszuschließen.	4.1
3.1.4	A	Eindeutig symmetrisch oder deutlich unsymmetrisch gestalten.	4.1
3.1.5	C	Anschlagkanten vorsehen.	3.4/4.1
3.1.6	B	Standardisierte selbstzentrierende Greifmöglichkeiten vorsehen.	4.1
3.2		Gestaltung des Einzelteils	
3.2.1	A	Fließgut gegenüber Stückgut vorziehen.	3.4/4.1
3.2.2	C	Eindeutige Vorzugslage schaffen.	3.4/4.1
3.2.3	B	Problemlose Teilebewegung in automatischen Fördereinrichtungen ermöglichen (Vermeiden des Verhakens, Verklemmens).	3.4/4.1
3.2.4	B	Anpaßarbeiten vermeiden.	3.4/4.1
3.2.5	B	Paßflächen vermeiden oder verkleinern.	3.4/4.1
3.2.6	C	Überbestimmung vermeiden.	3.4/4.1
3.3		Fertigung, Werkstoff	
3.3.1	B	Engtolerierte, toleranzhaltige Fertigung anstreben.	3.4/4.1
3.3.2	C	Teilefertigungsprobleme (Verzug, Schwund) dürfen nicht zu erhöhtem Montageaufwand führen.	3.4/4.1
3.3.3	A	Formstabile Teile verwenden.	3.4/4.1
3.3.4	C	Stoßunempfindliche Werkstoffe verwenden.	3.4/4.1
3.3.5	C	Klimatisch unempfindliche Werkstoffe vorsehen.	3.4/4.1
3.3.6	B	Möglichst leichte Werkstoffe verwenden (geringes Gewicht).	3.4/4.1
3.3.7	B	Entsprechend den gewählten Verbindungsverfahren geeignete Werkstoffe auswählen.	3.4/4.1
3.3.8	C	Glatte Flächen realisieren.	3.4/4.1
3.3.9	A	Nacharbeit bei der Montage vermeiden.	3.4/4.1

Bild 16: Konstruktionskatalog für Gestaltungsregeln (2. Fortsetzung)

- Seite 4 -

Nr.	Wichtigkeit	GESTALTUNGSREGEL	Konstr.-phase
4		MASSNAHMEN AN VERBINDUNGSTECHNIKEN	
4.1		Vereinfachung der Verbindungstechnik	
4.1.1	B	Wenig unterschiedliche Verbindungstechniken anwenden, standardisieren (DIN-Normen, Werksnormen).	2.4/2.7
4.1.2	A	Wenige Verbindungselemente vorsehen (möglichst vermeiden).	3.1/3.4
4.1.3	A	Verbindungselemente zusammenfassen.	3.4
4.1.4	C	Integrierte und vorgefügte Sicherungselemente anwenden.	3.4
4.1.5	C	Verbindungselemente mit integrierten Haupt- und Nebenfunktionsträgern zusammenfassen.	2.7/3.1
4.1.6	A	Formschlüssige Schnapp- und Rastverbindungen oder kraftschlüssige Preßverbindungen anwenden.	2.4/2.7
4.1.7	B	Zusätzliche Sicherungselemente vermeiden.	3.4
4.1.8	C	Basisteil soll ausreichende Befestigungsmöglichkeit bieten.	2.4/2.7/3.1
4.2		Vereinfachung der Fügeaufgabe	
4.2.1	A	Fügeflächen sollen alle auf einer Seite der Baugruppe liegen.	2.7/3.1/3.4
4.2.2	A	Geradlinige Fügebewegungen (horizontal oder vertikal) anstreben.	2.7/3.1
4.2.3	A	Einfache Fügebewegung (Einpressen statt Einschrauben, gerade Schweißnähte) anstreben.	3.1
4.2.4	A	Fügebewegung von unten vermeiden.	3.1
4.2.5	A	Einheitliche Fügerichtung anstreben.	2.7
4.2.6	C	Mittelbare Verbindungen von oben formschlüssig fügen, unmittelbare Verbindungen können auch seitlich gefügt werden.	3.1
4.2.7	B	Fügevorgänge begrenzen (z.B. durch Wellenabsätze).	3.4
4.2.8	C	Einstellfläche (bindet 3 Freiheitsgrade) möglichst ausgedehnt gestalten.	3.4
4.2.9	C	Führungsfläche (bindet 2 oder 3 Freiheitsgrade) möglichst lang und möglichst schmal gestalten.	3.4
4.2.10	B	Unerwünschte Lageänderung bereits gefügter Bauteile vermeiden.	3.4
4.3		Einführung wirtschaftlicher Fügeverfahren	
4.3.1	A	Technologiewechsel bzw. neue Technologien beim Fügen in Erwägung ziehen.	1.2/3.1/3.2
4.3.2	A	Fügen möglichst ohne Spezialkenntnisse des Monteurs, leichte Erlernbarkeit des Fügevorganges.	3.1/3.2
4.3.3	B	Fügen möglichst mit einfachen Werkzeugen anstreben.	3.1/3.2
4.3.4	B	Fügeverfahren ohne verfahrensbedingte Vor- und Nacharbeit anwenden.	3.1/3.2
4.3.5	B	Fügen und Verbinden zusammenfassen.	3.1/3.2
4.3.6	A	Zeitsparende Verbindungselemente (selbstformende Verbindungselemente, spezielle Verbindungselemente) wählen.	3.1/3.2
4.3.7	B	Zusätzliche Sicherungselemente vermeiden.	3.4
4.3.8	B	Handhabungsintensive Verfahren (mit zwei oder mehr Fügerichtungen) und Verfahren mit Wartezeit (thermisch / chemisch) vermeiden.	3.1/3.2/3.4
4.4		Vereinfachung von Justieren und Anpassen	
4.4.1	B	Einfaches Justieren anstreben.	3.4
4.4.2	B	Anpaßarbeiten vermeiden oder verringern.	3.4
4.4.3	C	Überbestimmung vermeiden.	3.4
4.4.4	B	Verbindungstechniken mit geringen Toleranzanforderungen wählen.	3.4
4.4.5	B	Vorjustierbare Bauteile verwenden.	3.4

Bild 16: Konstruktionskatalog für Gestaltungsregeln (3. Fortsetzung)

6. Entwicklung eines Verfahrens zur Bewertung der Montagegerechtheit von Produkten

6.1 Voraussetzungen zur Bewertung der Montagegerechtheit von Produkten

6.1.1 Prinzipielle Möglichkeiten zur Bewertung der Montagegerechtheit von Produkten

Wie die Analyse der bereits vorhandenen Verfahren zur Bewertung der Montagegerechtheit von Produkten ergeben hat, fehlen noch ganzheitliche Vorgehensweisen, welche von Beginn an in den Konstruktionsprozeß integriert werden können. Bewertungsverfahren, welche den in Bild 14 erarbeiteten Anforderungen entsprechen, sind noch nicht bekannt.

Die Bewertung der Montagegerechtheit von Produkten kann nach unterschiedlichen Prinzipien erfolgen; die gängigsten hiervon sind:

- o <u>Heuristische Verfahren</u>, bei denen versucht wird, ein Lösungsschema zu entwickeln, welches mathematische und verbale Bestandteile beinhaltet. Diese Verfahren dienen dem Auffinden der Wahrheit; sie sind hypothetisch, wobei von Gegebenheiten ausgegangen wird, die durch eine Plausibilitätsbetrachtung bestimmter Vorgänge erkannt werden.

- o <u>Checklisten</u>, welche als Fragen von Regeln und Richtlinien abgeleitet werden. Hiermit können vorhandene Produktkonstruktionen vergleichend bewertet werden. Es wird entschieden, ob die montagegerechte Produktgestaltung ausreichend berücksichtigt wurde, oder ob eine Umkonstruktion erforderlich ist.

- o <u>Technisch-wirtschaftliche Betrachtung</u> von Einzelteilen, Baugruppen und Verbindungstechniken, z.B. in Form einer Nutzwertanalyse, um alternative konstruktive Lösungen anhand der Anforderungen und den entstehenden Kosten zu bewerten. Die Bewertung der einzelnen Lösungen erfolgt durch eine Punktvergabe entsprechend des Erfüllungsgrades. Kriterien bei der Bewertung unterschiedlicher Lösungen könnten z.B. Kosten, Werkstoffe, Fertigungsverfahren, Teilegeometrie, Stückzahlen sein. Die Wichtigkeit der Kriterien kann durch die Höhe der vergebenen Punktezahl beeinflußt werden.

o <u>Expertensysteme</u>, welche die Dienstleistung eines menschlichen Experten nachbilden /64/. Sie bestehen üblicherweise aus Softwarepaketen, welche auf größeren Rechneranlagen implementiert sind. Expertensysteme als Hilfsmittel zur montagegerechten Produktgestaltung sind derzeit noch nicht realisiert, da hierzu das notwendige Expertenwissen noch nicht erarbeitet ist und es noch keine systematische Vorgehensweise gibt. Bemühungen auf diesem Gebiet werden derzeit verstärkt in Angriff genommen; einen Beitrag hierzu leistet diese Arbeit.

Checklisten können mit verhältnismäßig geringem Aufwand von den Gestaltungsregeln zur montagegerechten Produktgestaltung abgeleitet werden und sind in der Praxis anwenderorientiert und einfach anzuwenden. Sie ermöglichen primär eine vergleichende Bewertung unterschiedlicher Lösungen und sollten deshalb nur dann angewandt werden, wenn sich kein anderes Bewertungsprinzip eignet.

Für Expertensysteme muß zunächst entsprechendes Expertenwissen vorhanden sind, ehe solche Systeme aufgebaut und in der Praxis eingesetzt werden können. Deshalb eignen sich für eine subjektive Bewertung der Montagegerechtheit insbesondere eine technisch-wirtschaftliche Betrachtung oder heuristische Verfahren. Sie ermöglichen eine Quantifizierung der Montagegerechtheit von Produkten und werden deshalb für die Erarbeitung eines Verfahrens weiter berücksichtigt.

6.1.2 Kennzeichen der Montagegerechtheit von Produkten im Konstruktionsprozeß

Bei der Bewertung der Montagegerechtheit von Produkten ist es notwendig, sämtliche Einflußfaktoren zu erfassen und zu bewerten, d.h. das Gesamtspektrum der montagegerechten Produktgestaltung zu berücksichtigen. Hierzu sind die Faktoren zu bestimmen, welche die Montagegerechtheit von Produkten beeinflussen.
Die in dieser Arbeit durchgeführten Produktanalysen und die Auswertung von 34 durchgeführten Projekten ergaben eine Vielfalt von Faktoren, welche die Montagegerechtheit von Produkten beeinflussen. Sie sind in Bild 17 zu den folgenden Hauptgruppen zusammengefaßt:

- Produktaufbau
- Standardisierung
- Verbindungstechnik
- Teilebeschaffenheit

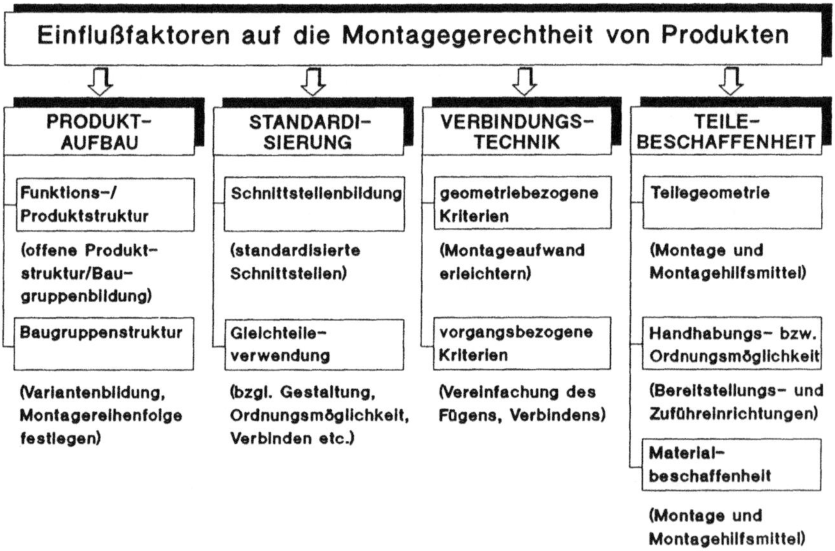

Bild 17: Einflußfaktoren auf die Montagegerechtheit von Produkten

Aufgrund ihres allgemeingültigen Charakters haben diese Einflußfaktoren weder eine branchen- oder produktspezifische, noch eine vom Montageprinzip abhängige Gültigkeit. Zwar ist die Wichtigkeit einiger Faktoren abhängig von der Montageart, nicht aber die generelle Gültigkeit. Deshalb muß bei dieser Betrachtungsweise nicht weiter spezifiziert werden.

Wie die Gestaltungsregeln von Kapitel 5.2, so haben auch die Einflußfaktoren während der einzelnen Konstruktionsphasen unterschiedliche Bedeutung. Diese wurde in Bild 18 in den einzelnen Konstruktionsphasen spezifiziert entsprechend der Bewertung:

- entscheidender Einflußfaktor
- wichtiger Einflußfaktor
- weniger wichtiger Einflußfaktor.

Dieser Übersicht ist zu entnehmen, daß während allen entscheidenden Konstruktionsphasen wichtige Einflußfaktoren auf die Montagegerechtheit zu berücksichtigen sind. Mit fortlaufendem Konstruktionsfortschritt gewinnen die Einflußfaktoren in aufgeführter Reihenfolge an Bedeutung. Während der für die montagegerechte Produktgestaltung entscheidenden Planungs- und Konzeptionsphasen sind insbesondere die den Produktaufbau betreffenden Faktoren entscheidend, während gegen Ende einer Konstruktion vorwiegend Faktoren der Verbindungstechnik und schließlich der Teilebeschaffenheit an Bedeutung gewinnen.

Die Bewertung der Montagegerechtheit von Produkten zu einzelnen Phasen im Konstruktionsprozeß bedeutet nun, die jeweils entscheidenden Einflußfaktoren der Phase zu bewerten. Es ist darauf zu achten, daß möglichst wenige unterschiedliche Bewertungsmethoden angewandt werden können. Insbesondere innerhalb einer Konstruktionsphase soll einheitlich bewertet werden können.

Einflußfaktoren

● entscheidend
◑ wichtig
○ weniger wichtig

			1.1 Bedarf erkennen	1.2 Aufgabenstellung klären	1.3 Freigabe zum Konzipieren	2.1 Funktion analysieren	2.2 Funktionsstruktur aufstellen	2.3 Funktionsstruktur variieren	2.4 Lösungsprinzipien für jede Teilfunktion ermitteln	2.5 Lösungsprinzipien auswählen	2.6 Lösungsvarianten bilden	2.7 Konzeptvarianten erstellen	2.8 Konzeptvarianten bewerten und auswählen	3.1 Grobgestalten der gestaltungsbestimmenden Hauptfunktionsträger	3.2 Grobgestalten d. restl. Hauptfunktionsträger	3.3 Auswählen geeigneter Teilentwürfe	3.4 Feingestalten d. Haupt- u. Nebenfunktionsträger	3.5 Kontrollieren u. Verbessern der Entwürfe	3.6 Kontrolle auf Fehler u. Störgrößeneinfluß	3.7 Kostendeckung überprüfen	3.8 Vervollständigen des Entwurfs	3.9 Festlegen des Entwurfs	4.1 Detaillieren	4.2 Vorschriften ausarbeiten	4.3 Prüfen der Fertigungsunterlagen	4.4 Freigabe für die Fertigung
KONSTRUKTIONSPHASE			1. Planen			2. Konzipieren								3. Entwerfen									4. Ausarbeiten			
Produktaufbau	Funktions-/Produkt-struktur	offene Produktstruktur	○	◑			○		◑			●														
Produktaufbau	Funktions-/Produkt-struktur	Identität von Funktions- und Baugruppenstruktur		○		○	◑	◑	●	●	●															
Produktaufbau	Funktions-/Produkt-struktur	montagegerechte Baugruppen		○		○	○	◑	◑	◑	●	●	●													
Produktaufbau	Funktions-/Produkt-struktur	Größe und Gewicht der Baugruppen					○	○	◑	◑	◑	●	●	◑	◑											
Produktaufbau	Bau-gruppen-struktur	Zahl der Baugruppen					◑	◑	◑	◑	●	●														
Produktaufbau	Bau-gruppen-struktur	Zahl der variantenbehafteten (-losen) Baugruppen					○	○	○	◑	●	◑														
Produktaufbau	Bau-gruppen-struktur	Möglichkeiten zur Variierung der Montagereihenfolge		○		○	◑	◑	◑	○	○	◑														
Standardisierung	Schnitt-stellen	vormontierbare Baugruppen					○	○					◑	●	●	○	◑									
Standardisierung	Schnitt-stellen	gleiche Schnittstellen												●	●	●	◑									
Standardisierung	Schnitt-stellen	Zeitpunkt d. Variantenbildung						◑	◑	◑	●	●	◑	◑	◑	○										
Standardisierung	Gleichteile-verwendung	Verwendung gleicher Baugruppen							○	○	◑	●	●	●	●	○	◑									
Standardisierung	Gleichteile-verwendung	Verwendung von Gleichteilen												●	●	●	◑						○			
Standardisierung	Gleichteile-verwendung	Ordnungsmöglichkeit												◑	◑	◑	○	○								
Standardisierung	Gleichteile-verwendung	Verbindungselemente												○	○		●									
Standardisierung	Gleichteile-verwendung	Standardisierung von Prüfprinzipien															◑	◑					○			
Standardisierung	Gleichteile-verwendung	Prüfen, Kontrollieren												○	○		◑	◑					○			

Bild 18: Einflußfaktoren auf die Montagegerechtheit während des Konstruktionsprozesses

Einflußfaktoren

● entscheidend
◑ wichtig
○ weniger wichtig

			KONSTRUKTIONSPHASE 1. Planen			2. Konzipieren								3. Entwerfen									4. Ausarbeiten			
			1.1 Bedarf erkennen	1.2 Aufgabenstellung klären	1.3 Freigabe zum Konzipieren	2.1 Funktion analysieren	2.2 Funktionsstruktur aufstellen	2.3 Funktionsstruktur variieren	2.4 Lösungsprinzipien für jede Teilfunktion ermitteln	2.5 Lösungsprinzipien auswählen	2.6 Lösungsvarianten bilden	2.7 Konzeptvarianten erstellen	2.8 Konzeptvarianten bewerten und auswählen	3.1 Grobgestalten der gestaltungsbestimmenden Hauptfunktionsträger	3.2 Grobgestalten d. restl. Hauptfunktionsträger	3.3 Auswählen geeigneter Teilentwürfe	3.4 Feingestalten d.Haupt- u.Nebenfunktionsträger	3.5 Kontrollieren u.Verbessern der Entwürfe	3.6 Kontrolle auf Fehler u.Störgrößeneinfluß	3.7 Kostendeckung überprüfen	3.8 Vervollständigen des Entwurfs	3.9 Festlegen des Entwurfs	4.1 Detaillieren	4.2 Vorschriften ausarbeiten	4.3 Prüfen der Fertigungsunterlagen	4.4 Freigabe für die Fertigung
Verbindungstechnik	geometriebezogene Kriterien	Fügekräfte												◑	◑		●						◑			
		Art der Verbindung										◑	◑	●	●		●									
		Zugänglichkeit												●	●		◑						◑			
		Zusatzstoffe										○	○	◑	◑		○									
		Vorbereitung der Fügepartner												○	◑								◑	○		
		Fügebewegungen										◑	●	●	●		◑									
		Verbindungselemente												●	●		◑									
		Prüfen,Kontrollieren															◑	◑					○			
		Form,Größe,Anzahl Fügeflächen												◑	◑		◑									
	vorgangsbezogene Kriterien	Toleranzen															○	○	◑		◑		●			
		Mehrstellenkontakt															●	○	◑		○					
		passive Fügehilfen															●	◑	◑		○		●			
		Fügerichtungen										◑	○	●	●	○	◑									
		Anzahl der Fügestellen												●	●	○	◑									
		Komplexität der Fügestellen												●	●		○	◑								
		Schnittstellen										●		◑	◑	○	◑									
Teilebeschaffenheit	Teilegeometrie	Größe der Teile zueinander									○	◑	◑	●	●	◑	○									
		Größe der Teile									○	◑	◑	●	●	◑	○									
		Gewicht der Teile									○	◑	◑	●	●	◑	○									
		Zahl der Einzelteile										◑	◑	●	●	●	◑	◑	○		○					
		Zahl der Verbindungselemente										◑	◑	●	●	●	●	◑	◑		◑		○			
		Toleranzen										○	○	◑	◑	◑	●	◑	◑		○		○			
		Funktionsintegration					●	●	◑	◑	◑	◑	○	●	●	◑	○									
		Teilevielfalt										●	●	●	●	◑	◑	○								
	Handhabung	Asymmetr.bzw.symmetr.Gestalt												●	●	●	●	◑			○		○			
		Stand- u.Auflageflächen												●	●	●	◑	◑	○		○		○			
		Außenmerkmale anbringen															◑	◑			○		○			
		Greifflächen															●	●			○		○			
		Verhaken															●	◑	●		○		○			
		Transportfähig															◑	◑	○		○					
Materialbeschaffenheit		Zerbrechlichkeit												◑	◑		◑									
		Oberflächenbeschaffenheit															●	○	○		○		◑			
		Steifigkeit												◑	◑						○		○			
		Wärmeempfindlichkeit														○	○	○								

Bild 18: Einflußfaktoren auf die Montagegerechtheit während des Konstruktionsprozesses (Fortsetzung)

6.2 Prinzipielles Vorgehen bei der Bewertung der Montagegerechtheit von Produkten

Das Verfahren zur Bewertung der Montagegerechtheit von Produkten muß das gesamte montagespezifische Wissen berücksichtigen und ganzheitlich in den Konstruktionsprozeß integriert werden können. Hierfür wurde bei der Entwicklung des Bewertungsprinzips vom Grundgedanken der Wertanalyse ausgegangen (Bestimmung von "Funktionskosten" bzw. des "Funktionsaufwandes"). Dementsprechend ist der Nutzwert eines Produktes das Verhältnis vom Nutzen des Produktes zu dadurch erforderlich werdendem Aufwand:

$$\text{Nutzwert} = \frac{\text{Nutzen}}{\text{Aufwand}}$$

Auf die Montagetechnik bezogen entspricht der Nutzen des Produktes den Funktionen, welche in Form eines Pflichtenheftes an das Produkt gestellt werden; der erforderlich werdende Aufwand entspricht konkret dem Montageaufwand, welcher nach der Definition von Kapitel 2.1 die monetäre Summe aller notwendigen Aufwendungen sowie aller benötigten Energien und Hilfsstoffe ist. Für die montagegerechte Produktgestaltung wird deshalb von diesem wertanalytischen Prinzip folgender, für die Montagegerechtheit eines Montagevorganges charakteristische, Kennwert abgeleitet:

$$K = \frac{F}{A}$$

mit: K : Kennwert für die Montagegerechtheit
F : Funktionsanteil
A : Montageaufwand

Zur Ermittlung solcher Kennwerte für die Montagegerechtheit müssen die Funktionsanteile der einzelnen Bauteile und der jeweils zu ihrer Montage notwendige Aufwand ermittelt werden. Dies ergibt für die Ermittlung von Kennwerten den prinzipiellen Ablauf von Bild 19.

Ermittlung von Kennwerten für die Montagegerechtheit von Produkten

1 Funktionsanteile der Bauteile ermitteln

Hauptfunktion	Unterfunktion	Fkt.anteil F	Bauteile 1	2	3	4
HF1	UF11	11	3	-	0,4	0,7
	UF12	13,8	1,8	1,5	-	2,1
	UF13	8	-	1	2,1	1,5
HF2	UF21		-	-	1,3	0,9
	UF22		2,7	0,6	1,1	-
Summe Funktionsanteile F			19,2	12,3	17,8	8,4

2 Aufwand für Montagevorgänge ermitteln

Montagevorgang M	Aufwand A
M1 Teil X einlegen	12
M2 Teil Y eindrücken	9
M3 Teil Z aufschieben	10

3 Kennwert K für die Montagegerechtheit bestimmen

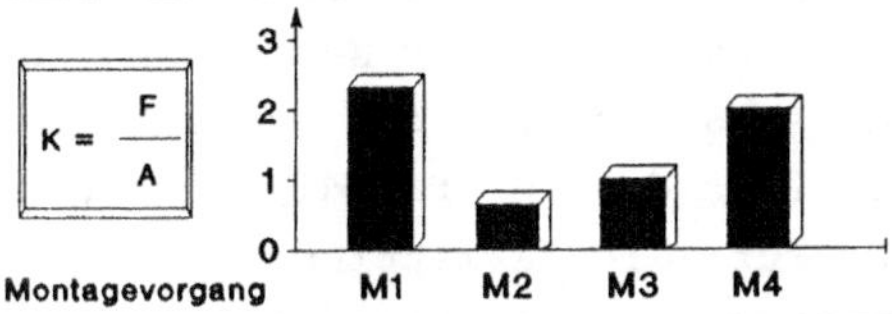

Bild 19: Prinzipielles Vorgehen bei der Bewertung der Montagegerechtheit von Produkten

Die Effizienz eines Montagevorganges ist besser, wenn mit einem geringen Montageaufwand Bauteile mit hohem Funktionsanteil montiert werden können, als wenn Bauteile mit kleinerem Funktionsanteil einen hohen Montageaufwand erfordern. Niedrige Kennwerte K weisen also auf montagetechnische Schwachstellen hin.

Die montagetechnischen Schwachstellen müssen dann spezifiziert werden, so daß sie durch Maßnahmen zur montagegerechten Produktgestaltung gezielt umkonstruiert werden können.

Mit Hilfe der in Kapitel 6.1.2 ermittelten Einflußfaktoren auf die Montagegerechtheit von Produkten ist dies möglich. Entsprechend der Zuordnung dieser Faktoren zum Konstruktionsprozeß (vergleiche Bild 18) müssen nur die jeweils relevanten Einflußfaktoren überprüft werden.

Die Ableitung eines Bewertungsprinzips von einem weit verbreiteten Verfahren wie der Wertanalyse, läßt eine entsprechend gute Akzeptanz bei den betroffenen betrieblichen Bereichen erwarten. Es kann hier auf vorhandene Konstruktionsarbeiten, wie die Funktionsstruktur und die Produktstruktur, aufgebaut werden. Die Erstellung der Produktstruktur parallel zur Funktionsstruktur schafft ideale Voraussetzungen dafür, daß parallel zur Produktentwicklung auch die Montageplanung erfolgt.

Die Ermittlung der Produktstruktur kann bis zur Baugruppen- bzw. Unterbaugruppenebene gemacht werden, wenn Produktkonzepte erstellt wurden (vergleiche Konstruktionsprozeß, Bild 5). Erst nach der Gestaltung der Haupt- und Nebenfunktionsträger können diese Strukturen bis zur untersten Ebene (Einzelteile) erstellt werden. Da für die Ermittlung der Funktionsanteile und für die Ermittlung des Montageaufwandes diese Struktur notwendig ist, kann die Bewertung der Montagegerechtheit auch erst mit Abschluß dieser Konstruktionsphasen erfolgen. Für den aus Bild 12 abgeleiteten, gerafften montageorientierten Konstruktionsprozeß in Bild 20 bedeutet dies, daß eine erste Bewertung der Montagegerechtheit auf Baugruppen-/Unterbaugruppenebene nach dem Erstellen der Konzeptvarianten (Konstruktionsphase 2.7) erfolgen kann (Bewertungsstufe c). Nach dem Gestalten der Funktionsträger (Konstruktionsphase 3.4) kann erstmalig eine gesamte Bewertung bis zur Ebene der Einzelteile erfolgen (Bewertungsstufe e). Da sich die nachfolgenden Schritte nur noch mit der Optimierung der Konstruktion sowie der Verbesserung von Fehlern befassen, bedeutet dies nur noch eine Anpassung der ermittelten Werte für Funktionsanteile, Montageaufwand und Kennwerte der Montagegerechtheit entsprechend der Konstruk-

1. Planungsphase

1.1 Bedarf erkennen
1.2 Aufgabenstellung klären ← [1] [4]
1.3 Anforderungsliste erstellen
1.4 Freigabe zum Konzipieren

2. Konzeptphase

2.1 Funktion analysieren
2.2 Funktionsstruktur aufstellen ← [1]
2.3 Funktionsstruktur variieren ← [1]
◇ a (Checkliste)
2.4 Lösungsprinzipien für jede Teilfunktion ermitteln ← [1] [2] [3]
◇ b (Checkliste)
2.5 Lösungsprinzipien auswählen
2.6 Lösungsvarianten bilden
2.7 Konzeptvarianten erstellen ← [1] [2] [3]
◇ c (Bewertungsverfahren abschätzend, bis Ebene Baugruppen)
2.8 Konzeptvarianten bewerten und auswählen

3. Entwurfsphase

3.1 Grobgestalten der gestaltungsbestimmenden Hauptfunktionsträger ← [1] [2]
3.2 Grobgestalten der restlichen Hauptfunktionsträger ← [1] [2]
◇ d (Bewertungsverfahren detailliert)
3.3 Auswählen geeigneter Teilentwürfe ← [4]
3.4 Feingestalten der Haupt- und Nebenfunktionsträger ← [1]
◇ e (Bewertungsverfahren ganzheitlich)
3.5 Kontrollieren und Verbessern der Entwürfe
3.6 Kontrolle auf Fehler und Störgrößeneinfluß
3.7 Kostendeckung überprüfen
3.8 Vervollständigen des Entwurfs ← [1]
◇ f (Bewertungsverfahren, Änderungen einbringen)
3.9 Festlegen des Entwurfs

4. Ausarbeitungsphase

4.1 Detaillieren ← [1]
g (Bewertungsverfahren, Änderungen einbringen)
4.2 Vorschriften ausarbeiten ← [3]
4.3 Prüfen der Fertigungsunterlagen
4.4 Freigabe für die Fertigung

Legende:
[1] Gestaltungsregeln
[2] Relativkostenkatalog
[3] Montagevorranggraph
[4] Wertanalytische Verfahren
◇ Bewertung der Montagegerechtheit

Bild 20: Montageorientierter Konstruktionsprozeß (Zusammenfassung) tionsänderungen. Grundlegend wird nach der Konstruktionsphase 3.4 das hier beschriebene Bewertungsprinzip nicht mehr geändert.

Zu den angegebenen Konstruktionsphasen, Bewertungsstufe c, Bewertungsstufe e und mit dem wertanalytischen Prinzip des "Funktionsaufwandes" werden vorwiegend die Einflußfaktoren der Teilebeschaffenheit und der Verbindungstechnik sowie zu einem gewissen Umfang die Einflußfaktoren der Standardisierung bewertet. Wenig bzw. nicht bewertet werden können in diesem Konstruktionsstadium und mit dem hier erarbeiteten Prinzip Einflußfaktoren der Standardisierung bzw. des Produktaufbaus. Diese Einflußfaktoren müssen nach Bild 20 spätestens nach der Konstruktionsphase 2.3, Funktionsstruktur variieren, überprüft werden (Bewertungsstufe a). Zu diesem Zeitpunkt ist die Produktkonstruktion noch so wenig konkretisiert, daß es nicht sinnvoll und nicht möglich ist, rechnerische Kennwerte mit qualitativer Aussage für die Montagegerechtheit zu ermitteln. Deshalb müssen für diesen Konstruktionsfortschritt andere geeignete Möglichkeiten zur Beurteilung der Montagegerechtheit erarbeitet werden. Von den in Kapitel 6.1.1 vorgestellten prinzipiellen Möglichkeiten der Bewertung der Montagegerechtheit eignet sich hierfür mit einem vertretbaren Aufwand nur das Überprüfen von Gestaltungsregeln mit entsprechenden Checklisten. Abgeleitet von den zeitlichen Zuordnungen zum Konstruktionsprozeß in den Bildern 16 und 18 ist hier eine Checkliste aufzustellen, mit welcher nach den Konstruktionsphasen 2.3 (Bewertungsstufe a) und 2.4 (Bewertungsstufe b) gezielt die relevanten Einflußfaktoren auf die Montagegerechtheit verbal überprüft werden; schwerpunktmäßig sind hier Einflußfaktoren der Standardisierung und insbesondere des Produktaufbaus zu überprüfen.

Eine sukzessive Bewertung der Montagegerechtheit während des gesamten Konstruktionsprozesses ist also ergänzend möglich durch gezielte Checklisten und das Bewertungsprinzip des Verhältnisses von Funktionsanteilen zu zugehörigem Montageaufwand. Für diese beiden Bewertungsmöglichkeiten werden nachfolgend die geeigneten Verfahren vorgestellt. Damit ist entsprechend dem montageorientierten Konstruktionsprozeß von Bild 20 eine umfassende Bewertung der Montagegerechtheit von Produktkonstruktionen während des gesamten Konstruktiosprozesses möglich.

6.3 Verfahren zur Bestimmung der Montagegerechtheit von Produkten

6.3.1 Bewertung von Einflußfaktoren auf Produktaufbau und Standardisierung

Die Ermittlung des Kennwertes für die Montagegerechtheit von Produkten aus Funktionsanteilen und Montageaufwand (vergleiche Bild 19) ist erst in der Konstruktionsphase 2.7 möglich, nachdem Produktkonzepte erstellt wurden. Deshalb muß die Montagegerechtheit in vorherigen Konstruktionsphasen (vergleiche Bild 20, Bewertungsstufen a und b) mit Hilfe einer Checkliste beurteilt werden.

Während diesen ersten Konstruktionsphasen sind insbesondere die relevanten Einflußfaktoren zum Produktaufbau und zur Standardisierung zu bewerten. Für diese Einflußfaktoren wurde, als Fragen formuliert, die in Bild 21 aufgeführte Checkliste erarbeitet. Um eine einfache Handhabung zu gewährleisten und nicht zu viele unterschiedliche Instrumentarien auszuarbeiten, sind beide Themenkomplexe in einer Liste zusammengefaßt. In einer ergänzenden Spalte wird auf die Zugehörigkeit der Fragen zur Bewertung in den Konstruktionsphasen 2.3 oder 2.4 verwiesen. Es ist anzustreben, das Produkt so zu gestalten, daß möglichst viele dieser Fragen mit "ja" beantwortet werden können. Die Beantwortung von Fragen mit "nein" weist auf explizite Schwachstellen hin, so daß eine gezielte Umkonstruktion zur Verbesserung der Montagegerechtheit erfolgen kann.

Checkliste zur Bewertung der Einflußfaktoren zu PRODUKTAUFBAU UND STANDARDISIERUNG	
Fragen zur Produktgestaltung	relevant für Konstr. phase
1. Bewertung des Produktaufbaus	
1.1 Ist eine offene Produktstruktur vorgesehen, welche günstige Baugruppenanordnung und gute Zugänglichkeit ermöglicht?	2.3;2.4
1.2 Werden Teilfunktionen so zu Funktionskomplexen zusammengefaßt, daß eine montagegeeignete Baugruppenstruktur ermöglicht wird?	2.3;2.4
1.3 Ist ein Baukastensystem (vorhandenes oder neues) angestrebt?	2.3;2.4
1.4 Ist eine Trennung in variantenneutrale und variantenbehaftete Baugruppen realisiert?	2.4
1.5 Sind die Baugruppen separat vormontier- und prüfbar?	2.4
1.6 Ist der Aufbau eines Basisteils / einer Basisbaugruppe vorgesehen?	2.3;2.4
1.7 Ermöglicht die Baugruppenstruktur alternative Montagereihenfolgen sowie eine möglichst späte Variantenbildung?	2.3;2.4
2. Bewertung der Standardisierung	
2.1 Werden möglichst gleiche, ggf. schon vorhandene Baugruppen verwendet?	2.4
2.2 Ist eine Standardisierung der Schnittstellen realisiert?	2.4
2.3 Sind Verbindungstechniken mit geringem Montageaufwand vorgesehen?	2.4
2.4 Können möglichst einheitliche Verbindungstechniken realisiert werden?	2.4
2.5 Werden Kontroll- und Prüfprinzipien standardisiert?	2.4

Bild 21: Checkliste zur Bewertung der Einflußfaktoren Produktaufbau und Standardisierung

Nach der Konstruktionsphase 2.3 sind fünf Einflußfaktoren mit Fragen zu prüfen, nach der Konstruktionsphase 2.4 handelt es sich um zwölf relevante Einflußfaktoren. Prinzipiell sind immer die Schwachpunkte zu verbessern, bei denen eine Frage der Checkliste mit "nein" beantwortet wird; bisherige Erfahrungen haben gezeigt, daß bei der Bewertung a (nach Konstruktionsphase 2.3) ab der Bewertung von weniger als vier Fragen mit "ja" und bei der Bewertung b (nach Konstruktionsphase 2.4) ab der Bewertung von weniger als neun Fragen mit "ja" eine generelle Überarbeitung der Konzeptionen erfolgen sollte. Diese Grenzen können aber betriebsspezifisch unterschiedlich sein und müssen bedarfsweise angepaßt werden.

Diese komprimierte Checkliste ermöglicht zu einem sehr frühen Zeitpunkt im Konstruktionsprozeß eine erste Bewertung der Montagegerechtheit und stellt dadurch sicher, daß die Anforderungen der montagegerechten Produktgestaltung von Beginn an in die Konstruktion mit einfließen. Dadurch wird ein wesentliches Ziel des montageorientierten Konstruktionsprozesses erreicht. Die einfache Handhabung und die eindeutigen Aussagen dürften Garant für eine breite Anwendung sein.

6.3.2 Bewertung der Montagegerechtheit über Funktionsanteile und Montageaufwand

Wie bei der prinzipiellen Darstellung festgestellt wurde, kann ab der Bewertungsstufe c (nach Konstruktionsphase 2.7) die Montagegerechtheit erstmals durch den Kennwert aus Funktionsanteilen und Montageaufwand ermittelt werden, entsprechend der Darstellung von Bild 19. Für die prinzipielle Vorgehensweise wurde das Verfahren mit seinen einzelnen Arbeitsschritten entsprechend der Ausführung von Bild 22 erarbeitet. Nach Spezifizierung der montagetechnischen Schwachstellen ist eine gezielte Verbesserung möglich. Bei einer anschließenden erneuten Bewertung sind die Änderungen in den einzelnen Arbeitsschritten durchzuführen, so daß dann mit wenig Aufwand ein neuer Kennwert für die Montagegerechtheit ermittelt werden kann.

6.3.2.1 Ermittlung der Funktions- und Produktstruktur

Als erster Schritt (vergleiche Bild 22) ist die Funktionsstruktur des zu konstruierenden Produktes zu ermitteln. In der Anforderungsliste bzw. im Pflichtenheft für eine Kon-

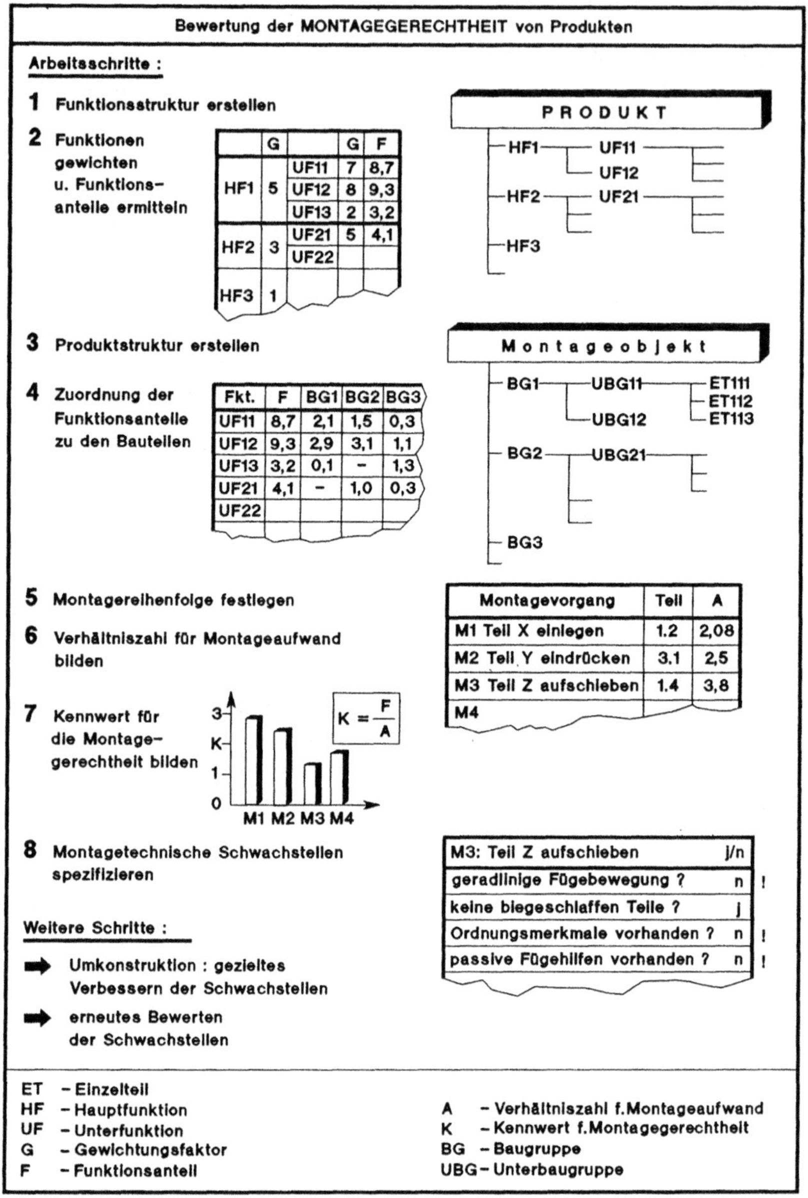

Bild 22: Arbeitsschritte bei der Bewertung der Montagegerechtheit von Produkten über Funktionsanteile und Montageaufwand

struktion sind die Gesamtfunktion und alle weiteren funktionstechnischen Forderungen beschrieben. Diese Beschreibungen sind Grundlage für die in Konstruktionsschritt 2.2 (Vergleiche Bild 20) zu erstellende Funktionsstruktur. Hier werden die Teilfunktionen gegeneinander abgegrenzt und solange variiert, bis die optimale Funktionsstruktur ermittelt ist. Ausgehend von der Gesamtfunktion werden Hauptfunktionen und, hiervon abgeleitet, Unterfunktionen gebildet, bis der erforderliche Detaillierungsgrad erreicht ist /60, 66/.
Am Beispiel einer Pumpe ist in Bild 23 eine solche Funktionsstuktur erläutert /78/. Auf diesen, im konventionellen Konstruktionsprozeß ebenfalls auszuführenden Arbeitspunkten baut das Verfahren auf.

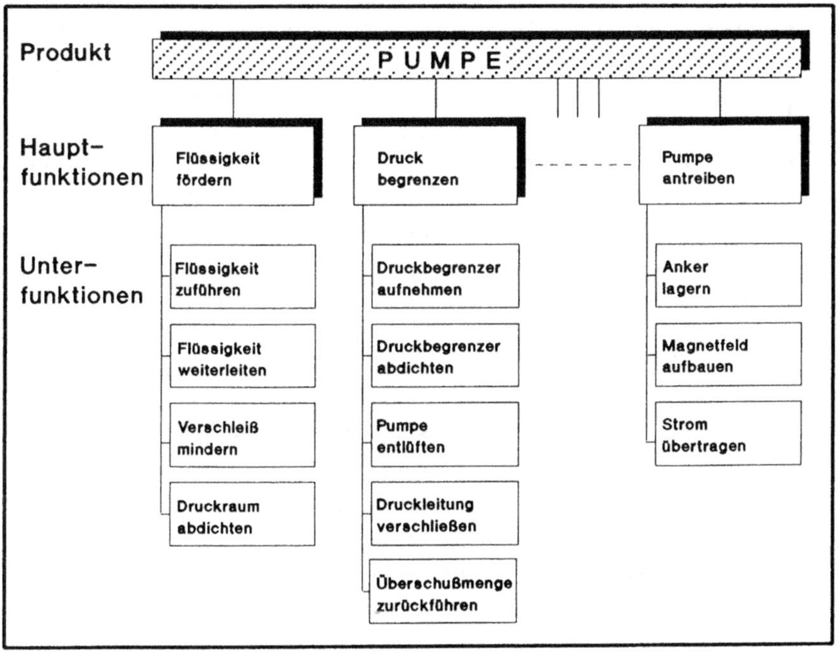

Bild 23: Auszug aus der Funktionsstruktur einer Pumpe mit Elektroantrieb

Im zweiten Schritt (vergleiche Bild 22) wird der angenommene Funktionsanteil des Gesamtprodukts von 100 auf die einzelnen Teilfunktionen des Produktes verteilt. Für die Hauptfunktionen, welche als Teilfunktion erster Ordnung bezeichnet werden, werden die Funktionsanteile F_i ermittelt durch Gewichtung der einzelnen Funktionen mit den Faktoren G_i. Diese Faktoren G_i können Werte zwischen fünf (wichtige Funktion) und eins (weniger wichtige Funktion) einnehmen. Da es sich üblicherweise um eine verhältnismäßig geringe Anzahl von Hauptfunktionen handelt, reicht die Gewichtung mit fünf unterschiedlichen Faktoren aus.

Die jeweilige Verteilung der Funktionsanteile F_i der Hauptfunktionen auf die Funktionsanteile F_{ij} von deren Unterfunktionen, erfolgt wieder durch Gewichtung der Unterfunktionen einer Hauptfunktion untereinander mit den Faktoren G_{ij}. Diese Faktoren G_{ij} können Werte zwischen zehn (sehr wichtige Unterfunktion) und eins (weniger wichtige Unterfunktion) einnehmen. Es wurde hier eine größere Anzahl unterschiedlicher Gewichtungsfaktoren gewählt, da Unterfunktionen teilweise sehr zahlreich und detailliert untergliedert sind. In diesem Fall erwies sich die Gewichtung mit zehn unterschiedlichen Faktoren als günstiger.

Die Unterfunktionen werden als Teilfunktionen zweiter bzw., bei weiterer Untergliederung, auch dritter oder vierter Ordnung bezeichnet. Wird eine Unterfunktion weiter untergliedert, so wird jeweils dieser Funktionsanteil F_{ij} durch Gewichtung der Unterfunktionen weiterer Ordnung mit Faktoren G_{ijk} (Werte zwischen zehn und eins) aufgeteilt in die Funktionsanteile F_{ijk}. Dieses Verfahren wird entsprechend der Anzahl der Funktionsuntergliederung wiederholt, wie dies erklärend in Bild 24 aufgezeigt ist.

Teilfunktionen/Gewichtungsfaktoren

1. Ordnung			2. Ordnung			3. Ordnung		
TFi	G_i	F_i	TFij	G_{ij}	F_{ij}	TFijk	G_{ijk}	F_{ijk}
HF 1	3	30	UF 11	7	15			
			UF 12	4	8,57			
			UF 13	3	6,43			
HF 2	3	30	UF 21	8	12			
			UF 22	9	13,5			
			UF 23	2	3			
			UF 24	1	1,5			
HF 3	4	40	UF 31	3	8,57			
			UF 32	8	22,86	UF 321	7	13,33
						UF 322	3	5,72
						UF 323	2	3,81
			UF 33	3	8,57			
Summe		100			100			100

HF – Hauptfunktion (Funktion 1. Ordnung)
UF – Unterfunktion (Funktion 2., 3., ... Ordnung)
TFi – Teilfunktion 1. Ordnung
G_i/F_i – Gewichtungsfaktor/Funktionsanteil der Hauptfkt. HFi
TFij – Teilfunktion 2. Ordnung
G_{ij}/F_{ij} – Gewichtungsfaktor/Funktionsanteil der Unterfkt. UFij
TFijk – Teilfunktion 3. Ordnung
G_{ijk}/F_{ijk} – Gewichtungsfaktor/Funktionsanteil der Unterfkt. UFijk

Bild 24: Funktionsstruktur und Ermittlung von Funktionsanteilen

Die Funktionsanteile der Teilfunktionen der einzelnen Ordnungen errechnen sich nach folgendem Schema:

1. Teilfunktionen erster Ordnung:

$$F_i = \frac{G_i}{\sum_{x=1}^{n} G_x} \cdot 100$$

2. Teilfunktionen zweiter Ordnung:

$$F_{ij} = \frac{G_i}{\sum_{x=1}^{n} G_x} \cdot \frac{G_{ij}}{\sum_{y=1}^{m} G_{iy}} \cdot 100$$

$$= F_i \cdot \frac{G_{ij}}{\sum_{y=1}^{m} G_{iy}}$$

3. Teilfunktionen dritter Ordnung:

$$F_{ijk} = \frac{G_i}{\sum_{x=1}^{n} G_x} \cdot \frac{G_{ij}}{\sum_{y=1}^{m} G_{iy}} \cdot \frac{G_{ijk}}{\sum_{z=1}^{h} G_{ijz}} \cdot 100$$

$$= F_{ij} \cdot \frac{G_{ijk}}{\sum_{z=1}^{h} G_{ijz}}$$

Hierin bedeuten:

F_i : Funktionsanteil der Hauptfunktionen HFi (Teilfunktion erster Ordnung)

F_{ij} : Funktionsanteil der Unterfunktion UFij (Teilfunktion zweiter Ordnung)

F_{ijk} : Funktionsanteil der Unterfunktion UFijk (Teilfunktion dritter Ordnung)

G_i : Gewichtungsfaktor der Hauptfunktion HFi, mit $G_i = 5$ (wichtige Hauptfunktion) bis $G_i = 1$ (weniger wichtige Hauptfunktion)

G_{ij} : Gewichtungsfaktor der Unterfunktion UFij, mit $G_{ij} = 10$ (wichtige Unterfunktion) bis $G_{ij} = 1$ (weniger wichtige Unterfunktion)

G_{ijk} : Gewichtungsfaktor der Unterfunktion UFijk, mit $G_{ijk} = 10$ (wichtige Unterfunktion) bis $G_{ijk} = 1$ (weniger wichtige Unterfunktion)
i,j,k: Indizes
h,m,n,x,y,z: Laufvariable

Wird die Produktfunktion in Teilfunktionen höherer Ordnung unterteilt, so ist dieses Schema entsprechend weiterzuführen.

Die gesamte Funktion des Produktes wird mit "100" als "ein Ganzes" angenommen, da dies der menschlichen Vorstellung am ehesten entspricht und folglich einfach anwendbar und umzusetzen ist. Da der am Ende des Verfahrens zu ermittelnde Kennwert eine neutrale Verhältniszahl darstellt, werden die Funktionsanteile bei diesem Verfahren dimensionslos gerechnet.

Als dritter Schritt der Vorgehensweise von Bild 22 wird die Produktstruktur ermittelt. Eine endgültige, detaillierte Produktstruktur kann erst nach der tatsächlichen Gestaltung aller Einzelteile, also frühestens gegen Ende der Konstruktionsphase 3.4 (vergleiche Bild 20), erfolgen. Parallel zur Detaillierung einer Konstruktion vom Erstellen der Konzeptvarianten bis zur Feingestaltung kann sukzessive die Produktstruktur für das Produkt erstellt werden. So entsteht die Produktstruktur auch entsprechend dem Konstruktionsfortschritt mit unterschiedlichem Detaillierungsgrad. Für die Bewertung der Montagegerechtheit nach den Konstruktionsphasen 2.7, Konzeptvarianten erstellen, bedeutet dies, daß die Produktstruktur nur bis zur Ebene der Baugruppen bzw. Unterbaugruppen vorliegt. Deshalb können zu diesem Zeitpunkt auch nur die Montagevorgänge zum Zusammenbauen dieser Bauteile bewertet werden.

Die Erstellung der Produktstruktur erfolgt nach bekannten Methoden, wie sie in der Praxis angewandt werden /67/. Die Baugruppen werden mit einstelligen Nummern versehen, darauf aufbauend die Unterbaugruppen mit zweistelligen Nummern, falls vorhanden, und schließlich die Einzel- und Zusammenbauteile mit zusammengesetzten dreistelligen Nummern. Unter den Zusammenbauteilen werden die nicht vormontierten Einzelteile zusammengefaßt, welche zu der Montage von Unterbaugruppen oder Baugruppen benötigt werden. Häufig sind dies Verbindungsteile wie Schrauben und Clipse. Ein allgemeingültiges Beispiel einer Produktstruktur zeigt Bild 25.

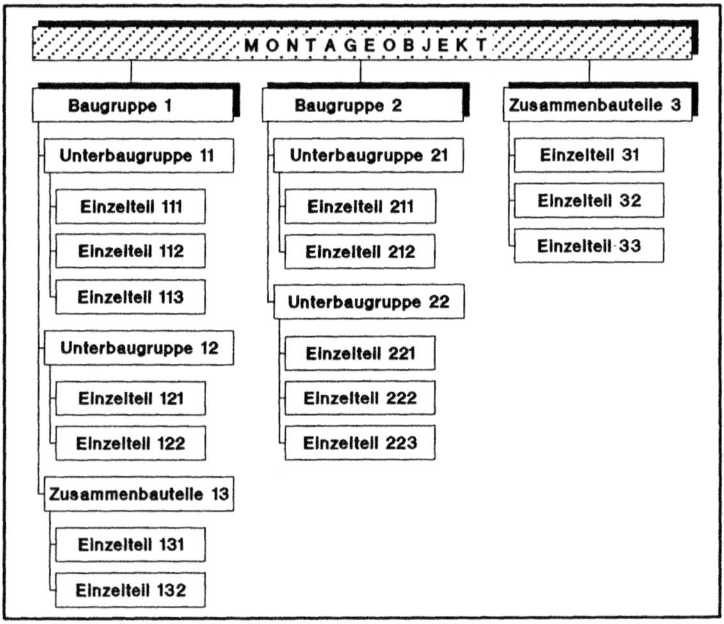

Bild 25: Beispiel einer Produktstruktur

Es ist darauf zu achten, daß eine übersichtliche, detailliert untergliederte Produktstruktur erarbeitet wird. Sie ist bereits Voraussetzung für eine montagegerechte Gestaltung und somit erster Schritt zur nahezu parallelen Produktentwicklung und Montageplanung. Ferner ist die Produktstruktur ein wichtiger Baustein für eine ausführliche, genaue Bewertung der Montagegerechtheit zu unterschiedlichen Konstruktionsfortschritten.

Nach der Erstellung der Produktstruktur werden im vierten Schritt von Bild 22 die ermittelten Funktionsanteile der Unterfunktionen jeweils höchster Ordnung den einzelnen Bauteilen zugeordnet. Je nach Detaillierungsgrad der bereits erarbeiteten Produktstruktur können die Funktionsanteile bis zu Baugruppen-, Unterbaugruppen- oder bereits bis zur Einzelteilebene verteilt werden. Die Verteilung der Funktionsanteile erfolgt schrittweise, zunächst auf die Baugruppen, diese Werte werden weiterverteilt auf die zugehörigen Unterbaugruppen und diese Werte werden schließlich auf die Einzelteile verteilt. Die Zuordnung der Funktionsteile erfolgt zeilenweise für jede Unterfunktion entsprechend dem in Bild 26 für Baugruppen vorgegebenen Schema.

TF	F	BG1		BG2		BG3		ZSB4	
		G_1	FA_1	G_2	FA_2	G_3	FA_3	G_4	FA_4
UF11	15	0,45	6,75	0,3	4,5	0,15	2,25	0,1	1,5
UF12	8,57	-	-	0,3	2,57	0,65	5,57	0,05	0,43
UF13	6,43	0,6	3,86	0,4	2,57	-	-	-	-
UF21	12	0,2	2,4	0,3	3,6	0,5	6	-	-
UF22	13,5	-	-	0,35	4,73	0,5	6,75	0,15	2,02
UF23	3	0,2	0,6	0,2	0,6	0,45	1,35	0,15	0,45
UF24	1,5	0,7	1,05	0,25	0,37	0,05	0,08	-	-
UF31	8,57	-	-	0,6	5,14	-	-	0,4	3,43
UF321	13,33	0,5	6,66	-	-	0,3	4	0,2	2,67
UF322	5,72	0,4	2,29	-	-	0,4	2,29	0,2	1,14
UF323	3,81	0,35	1,33	-	-	0,55	2,1	0,1	0,38
UF33	8,57	0,3	2,57	-	-	0,35	3	0,35	3
Summe ($FA_{c\ ges}$)			27,51		24,08		33,39		15,02

TF : Teilfunktion	FA_c : Anteile der Baugruppen an den Unterfunktionen
UF : Unterfunktion	
F : Anteil der UF jeweils höchster Ordnung	$FA_{c\ ges}$: Gesamtfunktionsanteile der Baugruppen am Produkt
BG : Baugruppe	G_x : Gewichtungsfaktor für Funktionsanteile der Baugruppen (0 bis 1; Summe = 1)
ZSB : Zusammenbauteile	
c : Index für Baugruppen	

Bild 26: Umlegung der Funktionsanteile auf die Baugruppen

Der Funktionsanteil jeder Unterfunktion wird zunächst mit einem Gewichtungsfaktor G_c zwischen null und eins anteilig auf die einzelnen Baugruppen verteilt. Erfüllt eine Baugruppe 25 % der Funktionsanteile einer Unterfunktion, so erhält sie den Gewichtungsfaktor G = 0,25; die Summe der Gewichtungsfaktoren einer Zeile ergibt eins. Damit errechnet sich der Funktionsanteil FA, den diese Baugruppe an der entsprechenden Unterfunktion erfüllt, als Produkt des Funktionsanteils der Unterfunktion (F) multipliziert mit dem bestimmten Gewichtungsfaktor dieser Baugruppe; G_c:

$$FA_c = F \; G_c$$

mit: FA_c : Funktionsanteil der Baugruppe an der entsprechenden Unterfunktion

F : Funktionsanteil der Unterfunktion (jeweils höchster Ordnung)

G_c : Gewichtungsfaktor für den Funktionsanteil der Baugruppe an dieser Unterfunktion.

Die Summe der Funktionsanteile FA_c einer Baugruppe ergibt deren Anteil an der Gesamtfunktion des Produktes. Dieser Anteil ist in der letzten Zeile von Bild 26 dargestellt, ererrechnet sich aus folgender Summe:

$$FA_{c\ ges} = \sum_{i=1}^{n} FA_{ci}$$

mit: $FA_{c\ ges}$: Gesamtfunktionsanteile der Baugruppen am Produkt

c / i : Index der Baugruppen / Unterfunktionen

n : Anzahl der Unterfunktionen.

Entsprechend dem Schema der Verteilung der Funktionsanteile der Unterfunktionen auf die Baugruppen werden anschließend, sofern notwendig, für die einzelnen Baugruppen die Funktionsanteile an den Unterfunktionen auf die Unterbaugruppen verteilt (siehe Bild 27) und schließlich von den Unterbaugruppen auf die Einzelteile, sofern dieser Detaillierungsgrad aufgrund des Konstruktionsfortschrittes schon möglich ist.

TF	FA_1	UBG11		UBG12		UBG13		ZSB14	
		G_{11}	FA_{11}	G_{12}	FA_{12}	G_{13}	FA_{13}	G_{14}	FA_{14}
UF11	6,75	0,35	2,36	0,35	2,36	0,25	1,69	0,05	0,34
UF12	-	-	-	-	-	-	-	-	-
UF13	3,86	-	-	-	-	0,8	3,09	0,2	0,77
UF21	2,4	-	-	0,5	1,2	0,3	0,72	0,2	0,48
UF22	-	-	-	-	-	-	-	-	-
UF23	0,6	0,6	0,36	0,35	0,21	-	-	0,05	0,03
UF24	1,05	0,25	0,26	0,35	0,37	0,25	0,26	0,15	0,16
UF31	-	-	-	-	-	-	-	-	-
UF321	6,66	0,35	2,33	0,5	3,33	-	-	0,15	1,0
UF322	2,29	0,15	0,34	-	-	0,55	1,26	0,3	0,69
UF323	1,33	0,35	0,47	0,25	0,33	0,4	0,53	-	-
UF33	2,57	0,45	1,16	-	-	0,55	1,41	-	-
Summe ($FA_{1d\,ges}$)			7,28		7,8		8,96		3,47

TF : Teilfunktion

UF : Unterfunktionen

FA_1 : Anteile der Baugruppe 1 an den UF jeweils höchster Ordnung

UBG : Unterbaugruppen

d : Index für Baugruppen

ZSB : Zusammenbauteile

G_{1x} : Gewichtungsfaktoren für UBG an Funktionsanteilen der BG1 (0 bis 1; Summe = 1)

FA_{1x} : Anteile der UBG an Unterfunktionen

$FA_{1d\,ges}$: Gesamtfunktionsanteile der UBG am Produkt

Bild 27: Umlegung der Funktionsanteile auf die Unterbaugruppen

Hierbei errechnen sich die Funktionsanteile FA_{cd} der Bauteile (Unterbaugruppen/Einzelteile) entsprechend

$$FA_{cd} = FA_c \cdot G_{cd}$$

5 Erstellen von Gestaltungsregeln zur montagegerechten Produktgestaltung

Ein wesentliches Hilfsmittel zur Umsetzung der montagegerechten Produktgestaltung sind anwenderorientierte Gestaltungsregeln, welche möglichst allgemeingültig ausgeführt sind und bedarfsweise branchen- oder produktspezifisch erweiterbar sind.

5.1 Gliederung der Gestaltungsregeln

Gestaltungsregeln stellen eine Sammlung bekannter und bewährter Lösungen für bestimmte konstruktive Aufgaben und Teilfunktionen dar, welche sinnvoll in Katalogen zusammengefaßt werden können. Kataloge müssen allgemeine Forderungen erfüllen wie:

- schneller, aufgabenorientierter Zugriff
- weitgehende Vollständigkeit des gesammelten Lösungsspektrums
- Anwendbarkeit bei konventioneller Konstruktion und bei Rechnereinsatz /63/.

Um die Handhabbarkeit und den schnellen Zugriff von Katalogen zu gewährleisten, ist ein entsprechender Aufbau mit Gliederungs-, Haupt- und Zugriffsteil notwendig. Diese Teile berücksichtigen den Konkretisierungsgrad und die Komplexität der gespeicherten Lösungen. Kataloge mit derartigem Aufbau haben sich schon für unterschiedliche Bereiche bewährt mit einer guten Akzeptanz bei Konstrukteuren.

Deshalb ist der hier entwickelte Katalog mit Gestaltungsregeln zur montagegerechten Produktgestaltung entsprechend aufgebaut worden mit einem Gliederungs-, Haupt- und Zugriffsteil. Im Gliederungsteil wird unterteilt in:

unterstützend sein, er kann aus der Produktstruktur abgeleitet werden /68, 69/.

Für jeden, entsprechend der Montagereihenfolge aufgelisteten Montagevorgang muß dann im sechsten Schritt nach Bild 22 der jeweilige Montageaufwand bestimmt werden. Nach der Definition der montagegerechten Produktgestaltung (siehe Kapitel 2.1) wäre die ideale geeignetste Größe hierfür die Summe aller Kosten, welche insgesamt zur Montage eines Produktes notwendig sind. Es wäre also eine komplette Kalkulation der Montage notwendig. Dies ist erst nach Abschluß der Planung und Realisierung einer Montage ganzheitlich und exakt möglich (häufig erst als Nachkalkulation). Nicht möglich ist eine solche Kostenermittlung während des Konstruktionsprozesses, deshalb muß eine andere aussagekräftige Größe für den Montageaufwand bestimmt werden.

Eine weitere Möglichkeit, die insbesondere für die manuelle Montage geeignet erscheint, ist die Ermittlung oder Abschätzung der Montagezeiten, da diese mit geringen Abweichungen proportional zu den Montagekosten sind. Hierdurch wäre es auch möglich, während des Konstruktionsprozesses z.B. für Baugruppen eine Zeitermittlung durchzuführen. Diese könnte nach einer weiteren Detaillierung der Konstruktion weitergeführt werden. Notwendig ist aber bei solchen Zeitermittlungen oder -abschätzungen eine sehr große Erfahrung. Bei kurzen Montagezeiten, z.B. bei Serienprodukten, muß die Routine des Montagepersonals mitberücksichtigt werden; für die Anwendung der Methoden, wie MTM /70/ oder REFA /71/, sind die Konstruktionsunterlagen nicht geeignet und nicht genügend ausführlich aufgearbeitet. Vor allem das Abschätzen von Montagezeiten während des Konstruktionsprozesses ist selbst von Montageexperten nicht mit der erforderlichen Genauigkeit durchführbar. Dies ist frühestens nach Erstellung der Fertigungsunterlagen am Ende einer Konstruktion möglich. Deshalb eignet sich die Ermittlung der Montagezeiten unter den hier gestellten Anforderungen nicht als Kenngröße für den Montageaufwand.

Es ist eine zuverlässige, reproduzierbare Kenngröße für den Montageaufwand notwendig, welche dem Detaillierungsgrad einer Konstruktion anzupassen ist. Diese Kenngröße muß schon aufgrund der vagen Angaben aus der Konzeptphase abzuleiten sein, ein proportionales Maß zum tatsächlichen Montageaufwand darstellen und in das in Kapitel 6.2 beschriebene Bewertungsprinzip integrierbar sein.

Um diesen Anforderungen gerecht zu werden, wurden für die Ermittlung des Montageaufwandes bei der Vorgehensweise in dieser Arbeit die sich unmittelbar auf den Montageaufwand auswirkenden, quantifizierbaren Einflußfaktoren auf die Montagegerechtheit von Produkten aus Bild 17 den dominanten Tätigkeiten beim Montieren zugeordnet, wie dies Bild 28 zeigt. Dieser Auflistung ist zu entnehmen, welche Bewertungskriterien bei den einzelnen Montagetätigkeiten den Montageaufwand entscheidend beeinflussen. Aufbauend auf diesen maßgebenden Kriterien erfolgt die Ermittlung des Montageaufwandes.

EINFLUSS-FAKTOREN auf die Montagegerechtheit von Produkten	Tätigkeiten beim MONTIEREN	Bereitstellen	Handhaben	Hilfsfunktionen: Fügen	Justieren	Kontrollieren	Sonstige
TEILE-GEO-METRIE	Größe der Teile	●	●	●	●	●	●
	Gewicht der Teile	●	●	●	●	●	
	Teilevielfalt	○	○	○	●	●	○
HANDHABUNGS- bzw. ORDNUNGS-MÖGL.	Stand- und Auflageflächen	●	●		●	●	○
	Greifflächen	●	●				○
	Verhaken	●	●				
	Oberflächenbeschaffenheit	●	●				●
	Steifigkeit	●	●	●	●	●	
VERBINDUNGS-TECHNIK	Verbindungselemente			●			
	Fügebewegungen			●			
	Fügerichtungen			●			
	Komplexität der Fügestellen/ Zugänglichkeit Fügeraum			●	●	●	●
	Prüfen, Kontrollieren				●	●	○

Einflußfaktoren: ● entscheidend; ○ weniger wichtig

Bild 28: Zuordnung der Einflußfaktoren auf die Tätigkeiten beim Montieren

BEWERTUNGSKRITERIEN			MONTAGEAUFWAND [Punkte] manuell	automatisch
BEREITSTELLEN; HANDHABEN	Größe der Teile	max. Abmessung < 150mm	1,0	1,0
		150mm < max. Abmessung < 300mm	0,5	0,5
		max. Abmessung > 300mm	2,0	3,0
	Gewicht der Teile	max. Masse < 3kg	1,0	1,0
		3kg < max. Masse < 8kg	2,0	2,0
		max. Masse > 8kg	4,0	5,0
	Stand- und Auflageflächen	stabile, ausgeprägte Vorzugslage	1,0	1,0
		wenig stabile Lage	2,0	2,0
		labile Lage	3,0	4,0
	Greifflächen/ Greifraum	vorhanden	1,0	1,5
		begrenzt vorhanden	2,0	3,0
		nicht vorhanden	4,0	5,0
	Verhaken	nicht möglich	0,0	0,0
		bedingt möglich	3,0	4,0
		leicht möglich	5,0	6,0
	Oberflächen-beschaffenheit	unempfindlich	0,0	0,0
		bedingt empfindlich	3,0	4,0
		empfindlich	5,0	6,0
	Steifigkeit	formstabil	0,0	0,0
		bedingt formstabil	2,0	3,0
		biegeschlaff	3,0	5,0
FÜGEN	Größe der Teile	max. Abmessung < 150mm	1,5	1,5
		150mm < max. Abmessung < 300mm	1,0	1,0
		max. Abmessung > 300mm	2,0	3,0
	Gewicht der Teile	max. Masse < 3kg	1,0	1,0
		3kg < max. Masse < 8kg	2,0	2,0
		max. Masse > 8kg	4,0	5,0
	Steifigkeit	beim Montieren formstabil	0,0	0,0
		beim Montieren bedingt formstabil	2,0	3,0
		beim Montieren biegeschlaff	4,0	6,0
	Separate Verbindungselemente	nicht erforderlich	0,0	0,0
		erforderlich	3,0	3,0
	Fügebewegung	linear, translatorisch	1,0	1,0
		rotatorisch	3,0	4,0
		kombiniert	4,0	5,0
	Fügerichtung	von oben	1,0	1,0
		von unten	2,0	3,0
		andere Richtungen	3,0	5,0
	Zugänglichkeit des Fügeraumes	gut	0,0	0,0
		mäßig	2,0	3,0
		schlecht	4,0	6,0
HILFSFUNKTIONEN	Justieren	kein Aufwand	0,0	0,0
		Aufwand gering	1,0	1,0
		Aufwand mittel	4,0	4,0
		Aufwand hoch	8,0	8,0
	Kontrollieren	kein Aufwand	0,0	0,0
		Aufwand gering	1,0	1,0
		Aufwand mittel	4,0	5,0
		Aufwand hoch	8,0	10,0
	Sonstige Hilfs-funktionen	kein Aufwand	0,0	0,0
		Aufwand gering	1,0	1,0
		Aufwand mittel	2,0	3,0
		Aufwand hoch	4,0	5,0

Bild 29: Punktetabelle zur Ermittlung des Montageaufwandes

Aufgrund der in dieser Arbeit durchgeführten Produktanalysen und der Erfahrungen aus den 34 ausgewerteten Projektarbeiten wurden zunächst die einzelnen Kriterien unterteilt in Unterkriterien, welche die Montage charakterisieren. Für diese Unterkriterien wurden dann empirisch Faktoren ermittelt, welche die Beeinflussung des Montageaufwandes quantifizieren, wie dies Bild 29 zeigt. Je nach Notwendigkeit wurden die Kriterien in zwei bis vier Schwierigkeitsklassen unterteilt, für die entsprechend Punkte vergeben werden. Die Werte für den Montageaufwand wurden schwerpunktmäßig für klein- bis mittelvolumige Produkte /14/ aus den Branchen Elektrotechnik, Feinmechanik (braune und weiße Ware), Maschinenbau, Fahrzeugbau und ähnlichem ermittelt; es handelt sich um Produkte mit einer Anzahl von Einzelteilen zwischen 10 und 100.

Der Wert für den Aufwand eines Montagevorganges ergibt sich aus der Summe der für die einzelnen Kriterien ermittelten Punkte. Die ermittelten Punktwerte sind kein absolutes Maß für den Montageaufwand, vielmehr geben sie den qualitativen Aufwand von Montagevorgängen zueinander an. Der minimale Aufwand für einen Montagevorgang, AM_{min}, ergibt sich aus den jeweils geringsten Werten für die einzelnen Kriterien; für die manuelle Montage ist dies beim Bereitstellen/Handhaben der Wert 3,5, beim Fügen 4,0 und der Aufwand für Hilfsfunktionen kann 0,0 betragen. Die Montageaufwandsermittlung erfolgt für die Kriterien bzgl. Bereitstellen/Handhaben, Fügen und Hilfsfunktionen. Werden bei einem Montagevorgang mehrere Einzelteile montiert, so ist es möglich, daß nicht bei allen Teilen ein Aufwand zum Fügen anfällt, sondern nur zum Bereitstellen/Handhaben. Entsprechend setzt sich der minimale Montageaufwand AM_{min} für diese Montagevorgänge nur aus den Anteilen für Bereitstellen/Handhaben (3,5) zusammen. Deshalb wird als charakteristischer Wert für die Ermittlung des Kennwertes für die Montagegerechtheit im siebten Schritt dieses Verfahrens der relative Montageaufwand ermittelt als Verhältniszahl

$$AMR = \frac{AM}{AM_{min}}$$

mit AMR : relativer Montageaufwand

AM : tatsächlich ermittelter Montageaufwand

AM_{min}: minimaler Montageaufwand.

Wird ein Montagevorgang mehrmals ausgeführt (Montage mehrerer gleicher Teile), so errechnet sich der relative Montageaufwand als entsprechendes Vielfaches dieses Produktes. Der tatsächlich ermittelte Montageaufwand wird also ins Verhältnis gesetzt zu dem minimal möglichen Montageaufwand. Da beim minimalen Montageaufwand berücksichtigt wird, ob bei Bauteilen nur eine Bereitstellung/Handhabung erfolgt oder auch Fügevorgänge durchzuführen sind, bildet der relative Montageaufwand eine direkt quantifizierbare Verhältniszahl für den Montageaufwand, welche für das hier beschriebene Verfahren geeignet ist. Insbesondere zu Beginn einer Montage müssen Teile oft nur bereitgestellt werden; hier ist eine entsprechende Relativierung des Montageaufwandes erforderlich. Wie Untersuchungen im Rahmen dieser Arbeit ergaben, ändert sich der relative Montageaufwand im Verhältnis ähnlich, wie dies die absoluten Maßeinheiten Montagezeit für manuelle Montage bzw. Montagekosten für automatische Montage tun. Deshalb handelt es sich hier um eine geeignete Größe zur Ermittlung des Montageaufwands, welche für das beschriebene Bewertungsprinzip entwickelt wurde.

Die hier aufgeführten Bewertungskriterien sind so detailliert untergliedert, daß eine Unterscheidung des Montageprinzips in manuell und automatisch möglich ist. Damit ist die Möglichkeit gegeben, bei vorgegebenem Montageprinzip zu spezifizieren bzw. anderenfalls aufgrund der entscheidenden Kriterien das Montageprinzip zu bestimmen /72/ und anschließend ebenfalls zu spezifizieren. Ist das Montageprinzip nicht vorgegeben oder nicht zu bestimmen, so wird von einer manuellen Montage ausgegangen.

Diese ausführliche, untergliederte Ermittlung des Montageaufwands ermöglicht eine detaillierte Analyse der Montageaufgaben bereits während des Konstruktionsprozesses. Ein wesentlicher Vorteil ist darin zu sehen, daß bereits für Produktkonzeptionen eine annähernde Montageaufwandsermittlung möglich ist. Diese, zunächst mehr abschätzende, Ermittlung wird nach der Ausführung der weiteren Konstruktionsschritte ergänzt und bedarfsweise angepaßt/korrigiert.

Durch die ausführliche Untergliederung des Montagevorgangs, detaillierter als nur in Handhaben und Fügen, können mit wenig Aufwand alle Montageeinflüsse erfaßt und bewertet werden. Dies ist eine weitere, wichtige Voraussetzung dafür, daß während des Konstruktionsprozesses die Montage ganzheitlich berücksichtigt wird.

6.3.2.3 Ermittlung der Kennwerte für die Montagegerechtheit

Wie in Kapitel 6.2 beschrieben wurde, errechnet sich aus dem Verhältnis von zu erfüllendem Funktionsanteil zu benötigtem Montageaufwand der Kennwert für die Montagegerechtheit eines Montagevorganges. Nach dem Verfahren von Bild 22 wurden im Schritt 4 die Funktionsanteile der einzelnen Bauteile und im Schritt 6 der jeweils zugehörige Montageaufwand ermittelt, so daß nun im siebten Schritt des Verfahrens der Kennwert für die Montagegerechtheit errechnet werden kann nach dem bereits bekannten Algorithmus:

$$K = \frac{F}{A}$$

mit: K : Kennwert für die Montagegerechtheit
F : Funktionsanteil
A : Montageaufwand.

Da das Bewertungsverfahren in unterschiedlichen Stufen und zu unterschiedlichen Detaillierungsgraden einer Konstruktion ausgeführt wird, muß bei den Kennwerten auch entsprechend unterschieden werden zwischen:

1. dem Kennwert für die Montagegerechtheit von Montagevorgängen:

$$KM_n = \frac{FM_n}{AMR_n}$$

mit: KM_n : Kennwert des Montagevorgangs
FM_n : Funktionsanteil der Einzelteile beim Montagevorgang n
AMR_n: Montageaufwand für Montagevorgang n

2. dem Kennwert für die Montagegerechtheit von Baugruppen/ Unterbaugruppen

$$K_{ij} = \frac{F_{ij}}{AMR_{ij}}$$

mit: K_{ij} : Kennwert der Baugruppe i / der Unterbaugruppe ij
F_{ij} : Funktionsanteil der Baugruppe i / der Unterbaugruppe ij
AMR_{ij}: Summe des relativen Aufwandes aller Montagevorgänge für diese Baugruppe/Unterbaugruppe

3. dem Kennwert für die Montagegerechtheit des gesamten Produktes:

$$K_{ges} = \frac{F_{ges}}{AMR_{ges}}$$

mit: K_{ges} : Kennwert für das gesamte Produkt
F_{ges} : Summe aller ermittelten Funktionsanteile
AMR_{ges}: Summe des gesamten relativen Aufwandes zur Montage dieses Produktes

Als ausführlichster Detaillierungsgrad wird der Kennwert KM_n für die Montagegerechtheit eines Montagevorganges ermittelt.

Er errechnet sich aus den jeweiligen Funktionsanteilen der Bauteile und dem relativen Montageaufwand zur Ausführung dieses Montagevorgangs.

Zusammengesetzt ist der Kennwert K_{ij} für die Bewertung der Montagegerechtheit einer Baugruppe/Unterbaugruppe aus den insgesamt erfüllten Funktionsanteilen durch ihre Bauteile und dem gesamten relativen Montageaufwand bis zum kompletten Zusammenbau dieser Baugruppe/Unterbaugruppe (inkl. des Aufwandes für die Vormontage). Bei entsprechender terminlicher Vorgabe ist es somit möglich, zunächst nur die Baugruppen mit geringen Kennwerten für die Montagegerechtheit weiter zu analysieren und nur bei diesen Baugruppen die Montagevorgänge mit den geringsten Kennwerten umzukonstruieren. Andere Möglichkeiten zur Ermittlung eines Kennwertes für die Montagegerechtheit von Baugruppen (z.B. Mittelwertbildung, Kehrwertbildung, Quotient aus Summe der Einzelkennwerte) wurden in dieser Arbeit ebenfalls untersucht. sie führten aber nicht zu einem ähnlich realen Ergebnis; teilweise werden Zusammenhänge/Abhängigkeiten falsch wiedergegeben, ist die Aussage zu stark subjektiv oder ist der Ermittlungsaufwand viel zu hoch.

Bei Vergleichsprodukten (innerhalb einer Produktfamilie) oder bei sogenannten "face-lift-Produkten" macht der Kennwert K_{ges} eine Aussage über die Montagegerechtheit des kompletten Produktes. Speziell bei der Umkonstruktion von kompletten Produkten kann hiermit der Erfolg der montagegerechten Produktgestaltung gemessen werden. Für die erstmalige Anwendung des Verfahrens bei einer Konstruktion/bei einem Produkt gibt dieser Wert noch keine weiteren Aufschlüsse, weil die Ermittlung des Montageaufwands produktspezifisch ist und somit keine direkte Übertragbarkeit zuläßt.

Für die relevanten Phasen im Konstruktionsprozeß können somit die jeweils zugehörigen Kennwerte K für die Montagegerechtheit bestimmt werden. Mit dem hier beschriebenen Verfahren ist im Konstruktionsprozeß erstmalig eine Bewertung der Konzeptvarianten nach der Phase 2.7 möglich (vergleiche Bild 20). Die Funktionsanteile der Baugruppen sind bekannt und für deren Zusammenbau kann ein vorläufiger Montageaufwand ermittelt werden. Aus diesen Größen sind dann die Kennwerte KM zu errechnen.

Mit gleichem Detaillierungsgrad, aber eventuell schon etwas genaueren Werten für den relativen Montageaufwand AMR, können nach Phase 3.2 Kennwerte KM für die Montagegerechtheit ermittelt werden. Erst nach dem Feingestalten der Funktionsträger kann nach Phase 3.4 die gesamte Bewertung bis zur Ebene der Einzelteile durchgeführt werden. Für jeden Montagevorgang ist der Montageaufwand und für die Bauteile der zugehörige Funktionsanteil zu ermitteln, aus welchen dann der zugehörige Kennwert KM errechnet wird.

Nach den Phasen 3.8 und 4.1 müssen bei Änderungen der Konstruktion die Werte für die Funktionsanteile und für den Montageaufwand bedarfsweise angepaßt werden, so daß hieraus die entsprechenden Kennwerte für die Montagegerechtheit ermittelt werden können. Am prinzipiellen Detaillierungsgrad des Bewertungsverfahrens ändert sich während diesen Konstruktionsphasen nichts mehr; die Konstruktion kann zu diesem Stadium vollständig bewertet werden.

Während der Kennwert K_{ges} für das Produkt nur einmalig, die Kennwerte K_{ij} für jede Baugruppe berechnet werden, gibt es eine Vielzahl von Kennwerten KM_n jeweils pro Montagevorgang. Um diese Kennwerte für die Montagevorgänge übersichtlich darzustellen, wurde die in Bild 30 gezeigte Möglichkeit gewählt. Neben der Beschreibung der Montagevorgänge sowie deren zugehörige Teilnummer, dem Aufführen der Werte FM_n und AMR_n, werden hier die Kennwerte KM_n als Zahlenwerte aufgeführt und visuell dargestellt. Damit können die montagetechnischen Schwachstellen sofort nachgewiesen werden. Dies wird unterstützt durch das Bestimmen eines sogenannten "Schwellwertes", welcher von der spezifischen Verteilung der Kennwerte abgeleitet wird. Der Schwellwert ist als Grenze zwischen den sehr niedrigen und den sprunghaft ansteigenden hohen Kennwerten zu sehen.

n	MONTAGEVORGANG	Teile-Nr.	FM_n	AMR_n	KM_n
0	Montagevorgang 1	2.1	12,48	4,0	3,12
1	Montagevorgang 2	2.2	6,75	4,5	1,50
2	Montagevorgang 3	2.3	9,25	5,0	1,85
3	Montagevorgang 4	2.4	2,48	16,5	0,15
4	Montagevorgang 5	2.5	1,45	14,5	0,10
5	Montagevorgang 6	2.6	12,73	9,5	1,34
6	Montagevorgang 7	2.7	14,63	7,5	1,95
7	Montagevorgang 8	2.8	25,41	11,0	2,31
8	Montagevorgang 9	2.9	8,80	5,0	1,76

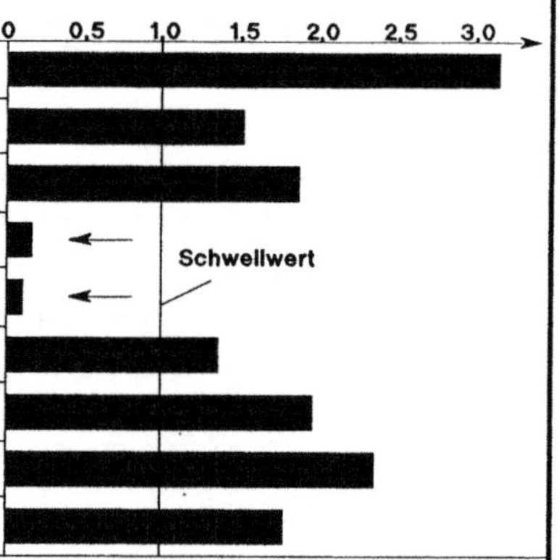

FM_n : Funktionsanteil
AMR_n: relativer Montageaufwand
KM_n : Kennwert für Montagevorgang
n : lfd. Nr. Montagevorgang

Kennwert der Baugruppe: $KM_{ij} = \frac{FM_{ij}}{AMR_{ij}}$

⟵ : Montagetechnische Schwachstelle

Bild 30: Prinzipielle Darstellung der Kennwerte KM_n für die einzelnen Montagevorgänge

6.3.2.4 Spezifizieren montagetechnischer Schwachstellen

Als Ergebnis des Verfahrens zur Bestimmung der Montagegerechtheit von Produkten erhält man Kennwerte KM_n von Montagevorgängen oder K_{ij} von Baugruppen/Unterbaugruppen, welche im Vergleich zueinander unterschiedliche Größen haben. Je niedriger diese Werte sind, desto weniger montagegerecht ist der Montagevorgang bzw. die Baugruppe/Unterbaugruppe gestaltet. Die Vergleichbarkeit ist innerhalb einer Baugruppe/Unterbaugruppe für KM_n bzw. innerhalb eines Produktes/einer Baugruppe für K_{ij} gegeben. Die Vorgänge/Baugruppen mit den niedrigsten Werten stellen die montagetechischen Schwachstellen eines Produktes/einer Baugruppe dar. Je nach Verteilung dieser Kennwerte sind ab der Unterschreitung des festzulegenden Schwellwertes die Bauteile umzugestalten.

In den Schritten eins bis sieben des Verfahrens nach Bild 22 werden die tatsächlichen montagetechnischen Schwachstellen ermittelt; es wird aber nicht festgestellt, weshalb es sich hier um eine montagetechnische Schwachstelle handelt, und es werden keine Hinweise darauf gegeben, wie diese Schwachstellen konstruktiv verbessert werden können.

Diese Spezifizierung erfolgt im achten Schritt dieses Verfahrens. Hierzu wird untersucht, welche der in Bild 17 und 18 ermittelten Einflußfaktoren von der Produktkonstruktion/vom Produkt nicht oder nur unzureichend erfüllt werden. Hierzu wurde die in Bild 31 dargestellte Checkliste erarbeitet, in welcher die Einflußfaktoren auf die Montagegerechtheit in Fragen umformuliert sind, welche entsprechend der Checkliste von Bild 21 bei Erfüllung ebenfalls mit "ja" und bei Nichterfüllung mit "nein" beantwortet werden müssen. Die mit nein beantworten Fragen geben dann konkret Hinweise auf montagetechnische Schwachstellen.

Entsprechend den Einflußfaktoren sind auch die Fragen den einzelnen Phasen im Konstruktionsprozeß zugeordnet, so daß für die montagetechnischen Schwachstellen nur ein Teil der Checkliste durchgearbeitet werden muß. Zu den einzelnen Bewertungszeitpunkten, wie sie im gerafften montageorientierten Konstruktionsprozeß von Bild 20 aufgeführt sind, sind jeweils nur die in Bild 32 angegebenen Fragen relevant.

Da jeweils nur die Fragen der Checkliste zu beantworten sind, welche in den Konstruktionsphasen zwischen der letzten und der aktuellen Bewertung relevant sind, werden mit verhältnismäßig geringem Aufwand die Schwachstellen spezifiziert und können dann gezielt umkonstruiert werden. Die Kontrolle erfolgt durch eine erneute Bewertung der Umkonstruktion entsprechend der hier aufgeführten Beschreibung.

1. Liegt eine "offene" Produktstruktur vor?
2. Ist das Produkt in montagetechnisch sinnvolle Baugruppen unterteilbar, welche zeitlich entkoppelt voneinander montiert werden können?
3. Sind montagegerechte Baugruppen aus der Funktionsstruktur heraus gebildet worden?
4. Ermöglicht der gewählte Produktaufbau Variationen in der Montagereihenfolge?
5. Können gleiche Baugruppen für verschiedene Varianten gebildet werden?
6. Wurden variantenbehaftete und variantenneutrale Baugruppen gebildet?
7. Ist die Anzahl der Baugruppen minimiert worden?
8. Sind montagetechnisch ausgewogene Baugruppen gebildet worden (Größe, Gewicht)?
9. Wurden funktionsgleiche Schnittstellen typen- und variantenübergreifend gleich ausgelegt?
10. Wurden für die Funktionserfüllung montagetechnisch geeignete Normteile verwendet?
11. Wurden vorhandene Bauteile gleicher Funktion verwendet?
12. Sind einheitliche Ordnungsmerkmale auch teil- bzw. produktübergreifend vorhanden?
13. Wurde eine einheitliche Basisbaugruppe als Trägerteil ausgebildet?
14. Wurden variantenunabhängige Baugruppen gebildet?
15. Wurde funktionsbedingt auf enge Toleranzen verzichtet?
16. Ist die toleranzbehaftete Fügestelle leicht zugänglich?
17. Wurde Mehrstellenkontakt vermieden?
18. Wurden bei der Montage eines Mehrstellenkontakts ausgeprägte Einführschrägen vorgesehen?
19. Wurden passive Fügehilfen integriert?
20. Wurden Fügehilfen vereinheitlicht?
21. Wurden, falls mehrere Schnittstellen vorhanden sind, diese vereinheitlicht oder reduziert (Bauteilintegration)?
22. Wurden Schnittstellen aus montagetechnischen Gründen optimal gelegt?
23. Ist die Anzahl der Fügestellen auf die unbedingt notwendige Anzahl reduziert worden?
24. Sind einheitliche Fügerichtungen möglich?
25. Kann auf Fügestrategien zum Montieren verzichtet werden?
26. Sind senkrecht aufeinanderstehende Fügerichtungen vereinheitlicht worden?
27. Wurden die geringstmöglichen Fügekräfte gewählt?
28. Sind keine Wartezeiten/Vorbereitungen, bedingt durch die Verbindungsart, notwendig?
29. Wurde auf Werkzeuge/Hilfsstoffe/Zusatzstoffe zur Herstellung der Verbindungen verzichtet?
30. Wurde auf zusätzliche Befestigungselemente verzichtet?
31. Wird diese Verbindungsart in diesem Produkt noch mehrfach verwendet (Hilfswerkzeuge, Zusatzstoffe,...)?
32. Wurden die Verbindungselemente standardisiert oder integriert?
33. Können die Verbindungselemente einfach montiert werden?
34. Ist bei der Verbindungstechnik kein zusätzlicher Aufwand zum Prüfen/Kontrollieren notwendig?
35. Werden gleiche Prinzipien zum Prüfen/Kontrollieren verwendet?
36. Haben zeitlich zusammenhängend zu montierende Teile ungefähr die gleiche Größe?
37. Sind die Teile ohne spezielle Hilfsmittel handhabbar?
38. Wurden nichtzerbrechliche und oberflächenunempfindliche Materialien verwendet?
39. Wurde auf biegeschlaffe Teile verzichtet?
40. Kann das Teil bei Magazinierung durch Flächenberührung fixiert werden?
41. Sind eindeutige Ordnungs- bzw. Handhabungsmerkmale gegeben?

Bild 31: Checkliste zur Spezifizierung montagetechnischer Schwachstellen

Konstr.phase / Bewertungszeitpunkt	Nr. der relevanten Fragen
2.7 / c	1-8, 10, 11, 13, 21, 28, 29, 34, 41
3.2 / d	1, 3, 6-11, 13, 15, 21, 28-32, 34, 36, 37, 39, 41
3.4 / e	11, 15, 16-37, 40
3.8 / f	alle
4.1 / g	alle

Bild 32: Relevante Fragen zur Spezifizierung montagetechnischer Schwachstellen zu den einzelnen Bewertungszeitpunkten

Das hier erarbeitete Verfahren zur Bewertung der Montagegerechtheit von Produkten (vergleiche Bild 22) ist nach den hier beschriebenen acht Schritten anwenderorientiert auszuführen. Es erlaubt parallel zur Produktentwicklung eine Bewertung der Montagegerechtheit. Bei gegebenenfalls dadurch notwendig werdender Umkonstruktion kann diese ebenfalls kontrolliert werden. Damit wird die Integration der montagegerechten Produktgestaltung in den Konstruktionsprozeß ermöglicht.

7 Erzielte Ergebnisse mit den Verfahren zur montagegerechten Produktgestaltung

7.1 Ergebnisse bei der Bewertung der Montagegerechtheit

Im Kapitel 6.3 sind die Schritte zur Bewertung der Montagegerechtheit prinzipiell beschrieben. Das Anwenden der Checkliste zur Bewertung der Einflußfaktoren bezüglich Produktaufbau und Standardisierung (vergleiche Bild 21) ist einfach auszuführen und bedeutet für den Konstrukteur einen verhältnismäßig geringen zeitlichen Aufwand. Die einfache Handhabung hat sich in der Praxis bewährt. Für die Konstrukteure ist es wichtig, daß montagegerechte Produktgestaltung ganzheitlich betrachtet wird.

Das Anwenden eines Kontrollinstrumentariums bereits zu einem sehr frühen Stadium im Konstruktionsprozeß ist einfach möglich und führt konkret zu montagegerechten Produktverbesserungen. Ferner wird dadurch rechtzeitig das Verständnis für montagegerechte Produktgestaltung geweckt und während des gesamten Konstruktionsprozesses aufrecht erhalten.

Eine detaillierte Anwendung erfordert das Bewerten der Montagegerechtheit durch Ermittlung von Funktionsanteilen und Montageaufwand. Dies wird nachfolgend beschrieben.

7.2 Bewertung der Montagegerechtheit eines Telefonapparates

Am Beispiel eines neu zu konstruierenden Telefonapparates (vgl. Bild 33) wird die Bewertung der Montagegerechtheit zu den relevanten Phasen im Konstruktionsprozeß aufgezeigt. Hierzu werden die in Bild 22 ausgeführten Bewertungsschritte ausgeführt.

Eine erste Bewertung der Montagegerechtheit durch Funktionsanteile und Montageaufwand ist nach Bild 20 zum Zeitpunkt c

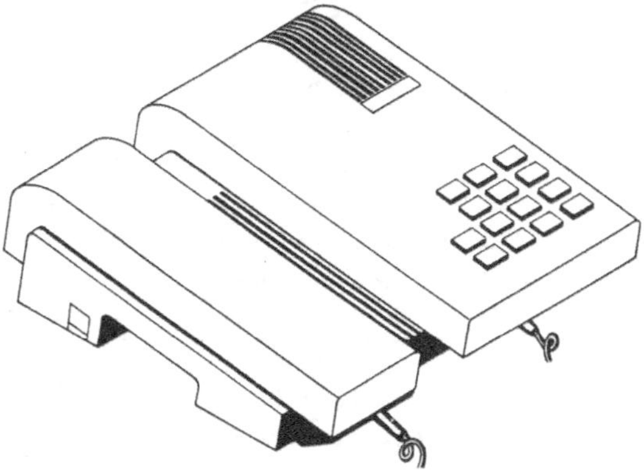

Bild 33: Telefonapparat komplett

möglich. Entsprechend dem ersten Schritt des Vorgehens aus Bild 22 können die Funktionen des Produktes erstellt und in eine Struktur integriert werden, wie dies den Konstruktionsunterlagen entnommen werden konnte und in Bild 34 dargestellt ist. Entsprechend Bild 24 werden im zweiten Schritt durch Gewichten die Anteile der Funktionen am Gesamtprodukt ermittelt (Bild 34). Die Begriffe für die Haupt- und Unterfunktionen sowie die Relationen der Gewichtungsfaktoren zueinander sind dem Pflichtenheft bzw. den Konstruktionsanforderungen entnommen, bzw. wurden aus diesen abgeleitet. Diese Darstellung der Funktionsstruktur entspricht inhaltlich den firmenspezifischen Unterlagen.

Als dritter Schritt ist die Produktstruktur zu erstellen. Dies ist zur vorgegebenen Konstruktionsphase 2.7 bis zur Baugruppenebene möglich; lediglich die Einteilung in Baugruppen ist bestimmt. Der Darstellung von Bild 35 ist zu entnehmen, daß zu diesem Zeitpunkt schon bekannt ist, daß Zusammenbauteile notwendig sein werden, Anzahl und Gestalt hiervon sind aber noch nicht bekannt. Eine weitere Detaillierung der Produktstruktur ist zu diesem Konstruktionsfortschritt noch nicht möglich.

Als vierter Schritt werden bei der Bewertungsstufe c die in Bild 34 ermittelten Funktionsanteile der Unterfunktion auf

Funktionen/Gewichtungsfaktoren					
1.Ordnung (Hauptfunktionen)	G_i	F_i	2.Ordnung (Unterfunktionen)	G_{ij}	F_{ij}
1 Bedienung	3	20	11 greifbar	8	4,44
			12 wählen	10	5,56
			13 Lautstärke regeln	3	1,67
			14 Wahlwiederholung	7	3,89
			15 Rufverfolgung	8	4,44
2 Kommunikation	5	33,4	21 Anruf signalisieren	7	6,15
			22 Signalumsetzung akust.-el.	9	7,91
			23 Signalumsetzung el.-akust.	9	7,91
			24 Gespräch unterbrechen	5	4,40
			25 Leitung belegen	8	7,03
3 Design	3	20	31 Farbe	6	6,67
			32 Form	8	8,89
			33 Oberfläche	4	4,44
4 Handhabung	2	13,3	41 transportabel	8	5,32
			42 Gewicht	6	3,99
			43 Größe	6	3,99
5 Vorschriften	2	13,3	51 mechanische Vorschriften	5	6,65
			52 elektrische Vorschriften	5	6,65
Summe		100			100

G_i/F_i : Gewichtungsfaktor/Funktionsanteil der Hauptfunktionen
G_{ij}/F_{ij} : Gewichtungsfaktor/Funktionsanteil der Unterfunktionen

Bild 34: Funktionen gewichten und Funktionsanteile ermitteln für einen Telefonapparat

die in Bild 35 dargestellten Baugruppen verteilt. Da lediglich bekannt ist, daß Zusammenbauteile notwendig werden, erfolgt die Verteilung der Funktionsanteile vorläufig nur auf die Baugruppen eins bis fünf; Zusammenbauteile werden erst bei der endgültigen Verteilung berücksichtigt. Die Verteilung erfolgt zeilenweise nach dem Schema von Bild 26, in dem zunächst bezüglich jeder Unterfunktion die Baugruppen untereinander gewichtet und dann durch Multiplikation deren Funktionsanteile ermittelt werden. Für das hier beschriebene Telefon zeigt dies Bild 36. Die Summe der Einzelteile einer Baugruppe ergibt deren Anteil $FA_{c\ ges}$ an der Gesamtfunktion des Produktes.

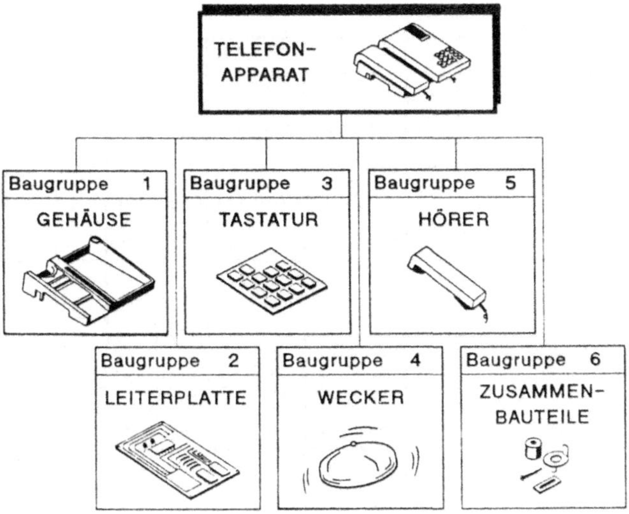

Bild 35: Vorläufige Produktstruktur bis zur Baugruppenebene

Da zu diesem Zeitpunkt die Unterbaugruppen und Einzelteile der einzelnen Baugruppen noch nicht bekannt sind, kann diese Zuordnung erst später erfolgen. In dieser Bewertungsstufe wird als fünfter Schritt die Reihenfolge für den Zusammenbau der bekannten Baugruppen festgelegt. Dies kann erfolgen, da die Schnittstellen der Baugruppen zueinander zwar noch nicht konstruktiv festgelegt, aber in groben Zügen bekannt sind. Bereits zu diesem Stadium im Konstruktionsprozeß müssen also Überlegungen zur Montage gemacht werden. In Bild 37 sind die vorläufigen Montagevorgänge beschrieben und in ihrer Reihenfolge nummeriert. Ergänzend sind in der letzten Spalte die Nummern der Baugruppen angegeben.

Für diese Montagevorgänge wird als sechster Schritt mit dem in Bild 29 erarbeiteten Instrumentarium ein vorläufiger Aufwand für den Zusammenbau der Baugruppen ermittelt. Es handelt sich hier um einen vorläufigen Montageaufwand, da aufgrund des groben Detaillierungsgrades der Baugruppen und

TELEFONAPPARAT : (vorläufige Funktionsaufwandsermittlung)											
Funktionen höchster Ordnung	Fkt.-anteil F	Baugruppen									
		1 Gehäuse		2 Leiterplatte		3 Tastatur		4 Wecker		5 Hörer	
		G1	FA_1	G2	FA_2	G3	FA_3	G4	FA_4	G5	FA_5
11 greifbar	4,44	0,25	1,11	-	-	-	-	-	-	0,75	3,33
12 wählen	5,56	0,05	0,28	0,75	4,17	0,2	1,11	-	-	-	-
13 Lautstärke regeln	1,67	0,05	0,09	-	-	-	-	0,95	1.58	-	-
14 Wahlwiederholung	3,89	-	-	0,65	2,53	0,35	1,36	-	-	-	-
15 Rufverfolgung	4,44	-	-	0,5	2,22	0,2	0,89	-	-	0,3	1,33
21 Anruf signalisieren	6,15	0,01	0,06	0,1	0,62	-	-	0,89	5,47	-	-
22 Signalums. akust.-el.	7,91	-	-	0,45	3,56	-	-	-	-	0,55	4,35
23 Signalums. el.-akust.	7,91	-	-	0,65	5,14	-	-	-	-	0,35	2,77
24 Gespräch unterbrechen	4,40	0,2	0,89	0,8	3,51	-	-	-	-	-	-
25 Leitung belegen	7,03	0,01	0,07	0,49	3,44	0,5	3,52	-	-	-	-
31 Farbe	6,67	0,2	1,33	-	-	0,4	2,67	-	-	0,4	2,67
32 Form	8,89	0,4	3,55	-	-	0,3	2,67	-	-	0,3	2,67
33 Oberfläche	4,44	0,2	0,89	-	-	0,45	2,0	-	-	0,35	1,55
41 transportabel	5,32	0,55	2,93	-	-	-	-	-	-	0,45	2,39
42 Gewicht	3,99	0,25	1,0	0,2	0,79	0,25	1,0	0,15	0,6	0,15	0,6
43 Größe	3,99	0,2	0,79	0,3	2,2	0,25	1,0	0,15	0,6	0,1	0,4
51 mech. Vorschriften	6,65	0,25	1,66	0,15	1,0	0,2	1,33	0,2	1,33	0,2	1,33
52 el. Vorschriften	6,65	0,3	2,0	0,3	2,0	0,15	1,0	0,1	0,65	0,15	1,0
Summe ($FA_{c\ ges}$)	100		16,65		30,18		18,55		10,23		24,39

F : Anteil der Unterfunktionen jeweils höchster Ordnung

GX : Gewichtungsfaktor für Funktionsanteile der Baugruppen (0 bis 1;Summe=1)

c : Index für Baugruppen

FA_c : Anteil der Baugruppen an den Unterfunktionen

$FA_{c\ ges}$: Gesamtfunktionsanteile der Baugruppen am Produkt

Bild 36: Vorläufige Zuordnung der Funktionsanteile zu den Baugruppen

deren Schnittstellen der Aufwand oft nur geschätzt werden kann. Mit zunehmender Verfeinerung der Konstruktion müssen diese Werte dann ergänzt bzw. angepaßt werden. Die Ermittlung des vorläufigen Montageaufwands für den Zusammenbau der Baugruppen erfolgt in Bild 38 mit den Werten für eine manuelle Montage. In der letzten Spalte ist der für die Kennwertermittlung relevante relative Montageaufwand angegeben.

Endmontage TELEFONAPPARAT		
MONTAGEVORGANG		Teile-Nr.
Nr.	Beschreibung	
MO	Vormontiertes Gehäuse bereitstellen	1
M1	Leiterplatte komplett in Gehäuse einführen und einrasten	2
M2	Wecker greifen,Drähte verlegen und in Gehäuse montieren	4
M3	Tastatur in Gehäuse einführen, einrasten und Kabel anlöten	3

Bild 37: Vorläufige Montagevorgänge und Montagereihenfolge

Bewertungskriterien \ Montagevorgänge		MO	M1	M2		M3	
Handhaben / Bereitstellen	Größe der Teile	0,5	1	1	1	1	1
	Gewicht der Teile	1	1	1	1	1	1
	Stand- und Auflageflächen	1	1	2	3	1	3
	Greifflächen und -raum	1	2	1	4	1	1
	Verhaken	0	3	0	5	0	5
	Oberflächenbeschaffenheit	3	5	0	3	3	3
	Steifigkeit	0	0	0	3	0	3
Fügen	Größe der Teile	-	1,5	1,5	1,5	1,5	1,5
	Gewicht der Teile	-	1	1	1	1	1
	Steifigkeit	-	0	0	4	0	4
	Separate Verbindungselemente	-	0	0	0	0	3
	Fügebewegung	-	4	1	1	4	4
	Fügerichtung	-	1	1	1	1	2
	Zugänglichkeit Fügeraum/-stellen	-	2	0	4	0	2
Hilfsfkt.	Justieren	-	-	-	-	-	-
	Kontrollieren	-	-	-	-	-	-
	sonst.Hilfsfunktionen	-	-	-	-	5	5
	Summe AM	6,5	22,5	42,0		59,0	
	Summe AM_{min}	3,5	7,5	15,0		15,0	
	Häufigkeit	1	1	1		1	
	rel.Montageaufw.AMR	1,86	3	2,8		3,93	

Bild 38: Vorläufige Montageaufwandsermittlung für den Zusammenbau der Baugruppen

Sind die Funktionsanteile und der zugehörige Montageaufwand für die Baugruppen bestimmt (Bilder 36 und 38) so kann für jeden Montagevorgang ein vorläufiger Kennwert KM_n errechnet werden, welcher eine Aussage über die Montagegerechtheit der Konstruktion bis zu diesem Stadium macht. In Bild 39 sind für die Baugruppen des Telefons (ohne Berücksichtigung der Zusammenbauteile) diese vorläufigen Kennwerte errechnet und dargestellt. Niedrige Kennwerte KM_n werden vor allem für das Montieren des Weckers und der Tastatur-Leiterplatte in das Gehäuse ermittelt.

Endmontage : TELEFONAPPARAT (vorläufig)

n	Montagevorgang	Teile-Nr.	FM_n	AMR_n	KM_n
M0	Vormontiertes Gehäuse bereitstellen	1	16,65	1,86	8,95
M1	Leiterpl. kpl. in Gehäuse einführen u. einrasten	2	30,18	3,00	10,06
M2	Wecker greifen, Drähte verlegen u. in Geh. montieren	4	10,23	2,8	3,65
M3	Tastatur in Geh. einführen, einrasten u. Kabel anlöten	3	18,55	3,93	4,72

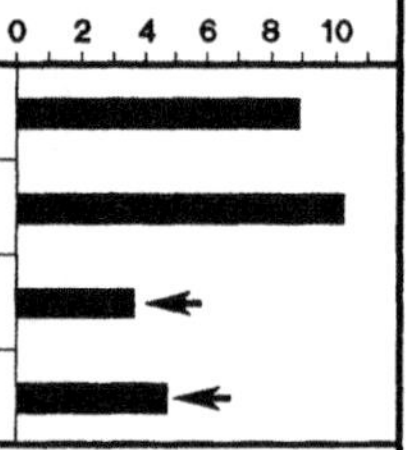

FM_n : Funktionsanteile
AMR_n : relativer Montageaufwand
KM_n : Kennwert für Montagegerechtheit
n : lfd.Nr. Montagevorgang
◄ : montagetechnische Schwachstelle

Bild 39: Darstellung der vorläufigen Kennwerte KM_n für die Montagegerechtheit beim Zusammenbau der Baugruppen

Mit Hilfe der in Bild 31 ermittelten Checkliste müssen nun diese beiden Montagevorgänge M2 und M3 bezüglich ihrer montagetechnischen Schwachstellen hinterfragt werden. Hierbei sind nur die Fragen der Checkliste zu beantworten, welche sich auf die Konstruktionsphasen zwischen den Bewertungsstufen b und c beziehen. Nach der Zuordnung von Bild 32 sind dies die Fragen 1 bis 8, 10, 11, 13, 21, 28, 29, 34 und 41. Die Analyse der Montagevorgänge M2 und M3 mit diesen Fragen ergibt als wesentliche Gründe für die mangelnde Montagegerechtheit aufwendige Fügebewegungen aufgrund der Produktstruktur, ungünstige Fügerichtungen, Montage biegeschlaffer Teile, zusätzlich notwendige Hilfsfunktionen, eine schlechte

Zugänglichkeit (Fügefreiraum) und eine empfindliche Oberflächenbeschaffenheit.

Diese Schwachstellen waren die wesentlichen Punkte, welche einer weiteren Bearbeitung bedurften. Aufgrund kundenspezifischer Vorschriften, der Ersatzteilhaltung, nicht ersetzbarer Kabel, des Kaufteilespektrums, betriebsspezifischer Vorschriften und ähnlichem konnte aber nur ein Teil der montagetechnischen Schwachstellen behoben werden. Die konstruktiven Änderungen sind in das Bewertungsverfahren einzuarbeiten und geben dann ein Maß für die erzielte Verbesserung.

Nach der Bewertungsstufe c kann im Konstruktionsprozeß wieder nach der Phase 3.2 die Bewertungsstufe d ausgeführt werden, nachdem die Funktionsträger grob gestaltet sind. Dies bedeutet, daß einige Baugruppen weiter detailliert sind; teilweise sind Unterbaugruppen oder sogar Einzelteile und Zusammenbauteile spezifiziert. Das Bewertungsverfahren kann zu diesem Zeitpunkt in Teilbereichen konkretisiert werden.

Eine erste umfassende Bewertung bis zur Ebene der Einzelteile ist aber erst nach der Konstruktionsphase 3.4 mit der Bewertungsstufe e möglich. Deshalb wird diese Bewertungsstufe hier ausführlicher erläutert. Von den nach Bild 22 auszuführenden Schritten zur Bewertung der Montagegerechtheit gibt es durch die Detaillierung der Konstruktion bis zu diesem Stadium erstmals Änderungen bei der Produktstruktur. War bei der Bewertungsstufe c lediglich eine Produktstruktur bis zur Baugruppenebene möglich (siehe Bild 35), so kann diese jetzt detailliert und ergänzt werden bis zur Ebene der Einzelteile, wie dies in Bild 40 ausgeführt ist. Die Nummerierung wurde für die Einzelteile alphanumerisch fortgeführt. Die Ziffer hinter den Einzelteilen gibt deren Anzahl an. Nur bei der Baugruppe 2, Leiterplatte komplett, wurden Unterbaugruppen gebildet. Hier ist eine Aufführung aller Einzelteile (primär elektronische Bauteile, Widerstände, Spulen, Kon-

TELEFONAPPARAT

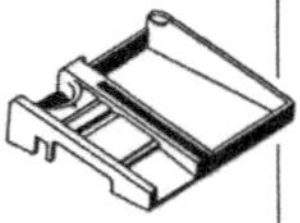

Baugruppe	Nr.	Teil	Anz.
BG 1 Gehäuse	1.1	Verschlußstück	2
	1.2	Druckfeder	2
	1.3	Schildabdeckung	1
	1.4	Schieber	1
	1.5	Abdeckwinkel	2
	1.6	Blindabdeckung	1
	1.7	Gehäuse	1
	1.8	Attrappe	2
	1.9	Blindabdeckung	1
BG 2 Leiterplatte komplett			
UBG 2.1 Wippe	2.1.1	Lagerbock	1
	2.1.2	Wippe GU	1
	2.1.3	Wippe RV	1
UBG 2.2 Leiterplatte bestückt			
ZSB 2.3 Zusammenbauteile	2.3.1	Zugfeder	1
	2.3.2	Plastite Schraube	2
	2.3.3	Gabelfedersatz	1
	2.3.4	Isolierhülse	1
BG 3 Tastatur	3.1	Tastenkäfig	1
	3.2	Tastensatz	1
	3.3	Steuertaste	1
	3.4	Blindtaste	2
	3.5	Wippe-Steuertaste	1
	3.6	Schaltmatte	1
	3.7	Kontaktpille	1
	3.8	Leiterplatte klein	1
	3.9	Schraube	4
BG 4 Wecker	4.1	Weckerbasisteil	1
	4.2	Magnetplättchen	1
	4.3	Klöppel	1
	4.4	Lautstärkeregelknopf	1
	4.5	Erregerspule	1
	4.6	Metallplatten für Joch	8
	4.7	Schraube	2
	4.8	Klangkörper	1
	4.9	Plastikhaube	1
	4.10	Aufnahme für Magnetplättchen	1
BG 5 Hörer	5.1	Hörerunterteil	1
	5.2	Höreroberteil	1
	5.3	Hörerkabel	1
	5.4	Aufnahme Hörmuschel	1
	5.5	Aufnahme Mikrofon	1
	5.6	Hörmuschel	1
	5.7	Mikrofon	1
	5.8	Klemmhalterung	2
	5.9	Schraube	2
ZSB 6 Zusammenbauteile	6.1	Leiterplattenhalter	2
	6.2	Fuß	4
	6.3	Schraube	2
	6.4	Gehäuseboden	1
	6.5	Gehäusedeckel	1
	6.6	Namensschild	1
	6.7	Typenschild	1
	6.8	MOS - Kleber	1
	6.9	Einklebeschema	1

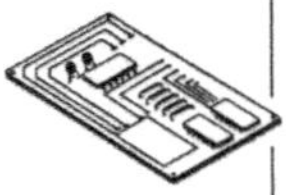
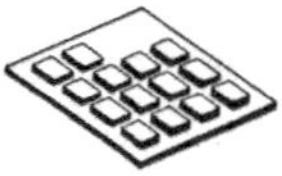

BG : Baugruppe   UBG : Unterbaugruppe   ZSB : Zusammenbauteile

Bild 40: Komplette Produktstruktur des Telefonapparates

densatoren, aber auch SMD-Elemente und ähnliches) in diesem Rahmen kaum möglich und für den Konstrukteur auch nicht erforderlich. Für die Gestaltung, das Anordnen der Bestückelemente und dergleichen sind spezielle Vorgehensweisen und Regeln anwendbar (z.B. /75, 76, 77/), welche auch nicht vom üblichen, die Formgestaltung bestimmenden Konstruktionsbereich ausgeführt werden. Deshalb wurden hier nur die für das Bewertungsverfahren relevanten und die aus montagetechnischer Sicht wichtigen Unterbaugruppen und Einzelteile aufgeführt, welche später die Montage tatsächlich beeinflussen.

Die Unterteilung in Baugruppen ist unverändert geblieben, bei der Zuordnung der Funktionsanteile zu den Baugruppen ergeben sich aber korrektive Veränderungen, da die Zusammenbauteile nun bekannt sind und somit ebenfalls Funktionsanteile zugeordnet bekommen müssen. In Bild 41 ist die endgültige Zuordnung der Funktionsanteile zu den Baugruppen dargestellt; die Änderungen bei den einzelnen Funktionsanteilen (vergleiche Bild 36) beruhen auf den zusätzlich hinzugekommenen, jetzt spezifizierten Zusammenbauteilen.

Da nun die Einzelteile der Baugruppen konstruktiv bestimmt sind, wie dies Bild 40 zu entnehmen ist, können entsprechend der Beschreibung von Kapitel 6.3 für jede einzelne Baugruppe deren einzelne Funktionsanteile auf die Unterbaugruppen bzw. auf die Einzelteile verteilt werden. Diese Zuordnung ist in Bild 42 für die Baugruppe 1, Gehäuse, ausführlich gezeigt, für die übrigen Baugruppen sind nur als Ergebnis in der letzten Zeile die Funktionsanteile der Einzelteile aufgezeigt.

Aufbauend auf der in Bild 37 ermittelten Montagereihenfolge für den Zusammenbau der Baugruppen wurde dann in Bild 43 die Reihenfolge der einzelnen Montagevorgänge ermittelt. Bei dieser Auflistung konnte jeweils von einer separaten Vormontage der einzelnen Baugruppen ausgegangen werden, da bereits bei der Konzeptphase auf eine offene Produktstruktur mit entsprechender Baugruppenuntergliederung geachtet wurde.

TELEFONAPPARAT : Endmontage

Funktionen höchster Ordnung	Fkt.-anteil F	Baugruppen: 1 Gehäuse G_1	FA_1	2 Leiterpl. G_2	FA_2	3 Tastatur G_3	FA_3	4 Wecker G_4	FA_4	5 Hörer G_5	FA_5	6 Zusammenbauteile G_6	FA_6
11 greifbar	4,44	0,17	0,75	–	–	–	–	–	–	0,65	2,89	0,18	0,8
12 wählen	5,56	0,05	0,28	0,7	3,89	0,15	0,83	–	–	–	–	0,1	0,56
13 Lautstärke regeln	1,67	0,07	0,12	–	–	–	–	0,85	1,42	–	–	0,08	0,13
14 Wahlwiederholung	3,89	–	–	0,63	2,45	0,35	1,36	–	–	–	–	0,02	0,08
15 Rufverfolgung	4,44	–	–	0,5	2,22	0,2	0,89	–	–	0,3	1,33	–	–
21 Anruf signalisieren	6,15	0,01	0,06	0,1	0,62	–	–	0,85	5,23	–	–	0,04	0,24
22 Signalums. akust. – el.	7,91	–	–	0,45	3,56	–	–	–	–	0,55	4,35	–	–
23 Signalums. el. – akust.	7,91	–	–	0,65	5,14	–	–	–	–	0,35	2,77	–	–
24 Gespräch unterbrechen	4,40	0,2	0,88	0,8	3,52	–	–	–	–	–	–	–	–
25 Leitung belegen	7,03	0,01	0,07	0,5	3,5	0,47	3,3	–	–	–	–	0,02	0,16
31 Farbe	6,67	0,15	1,0	–	–	0,25	1,67	–	–	0,25	1,67	0,35	2,33
32 Form	8,89	0,27	2,4	–	–	0,2	1,78	–	–	0,23	2,04	0,30	2,67
33 Oberfläche	4,44	0,15	0,67	–	–	0,35	1,55	–	–	0,25	1,11	0,25	1,11
41 transportabel	5,32	0,35	1,86	–	–	–	–	–	–	0,25	1,33	0,4	2,13
42 Gewicht	3,99	0,2	0,8	0,17	0,68	0,2	0,8	0,1	0,4	0,13	0,51	0,2	0,8
43 Größe	3,99	0,15	0,6	0,26	1,03	0,24	0,96	0,1	0,4	0,1	0,4	0,15	0,6
51 mech. Vorschriften	6,65	0,18	1,19	0,1	0,67	0,15	1,0	0,15	1,0	0,17	1,13	0,25	1,66
52 el. Vorschriften	6,65	0,18	1,19	0,2	1,33	0,12	0,8	0,08	0,53	0,12	0,8	0,3	2,0
Summe ($FA_{c\ ges}$)	100		11,87		28,61		14,94		8,98		20,33		15,27

F : Anteil der Unterfunktionen jeweils höchster Ordnung

G_x : Gewichtungsfaktor für Funktionsanteile der Baugruppen (0 bis 1;Summe = 1)

c : Index für Baugruppen

FA : Anteil der Baugruppen an den Unterfunktionen

$FA_{c\ ges}$: Gesamtfunktionsanteile der Baugruppen am Produkt

Bild 41: Zuordnung der Funktionsanteile zu den Baugruppen und Zusammenbauteilen

Als nächster Schritt des Bewertungsverfahrens wird für die in Bild 43 aufgeführten Montagevorgänge der Montageaufwand ermittelt, wie er für den Zusammenbau der Baugruppen vorläufig bereits in Bild 38 ermittelt wurde. In Bild 44 ist die endgültige Montageaufwandsermittlung für die Endmontage ausführlich dargestellt. Von der Montageaufwandsermittlung für die Baugruppen wurde, ebenfalls als Ergebnis, nur die letzte Zeile, der Gesamtaufwand der einzelnen Montagevorgänge, dargestellt.

TELEFONAPPARAT : Baugruppe 1 : Gehäuse										
Funktion höchster Ordnung	Fkt. anteil FA_1	Funktionsanteile FA_{1y} der Einzelteile 1.y								
		1.1	1.2	1.3	1.4	1.5	1.6	1.7	1.8	1.9
11 greifbar	0,75	-	-	-	-	-	-	0,75	-	-
12 wählen	0,28	-	-	0,18	-	-	-	0,1	-	-
13 Lautstärke regeln	0,12	-	-	-	-	-	-	0,12	-	-
14 Wahlwiederholung	-	-	-	-	-	-	-	-	-	-
15 Rufverfolgung	-	-	-	-	-	-	-	-	-	-
21 Anruf signalisieren	0,06	-	-	-	-	-	-	0,06	-	-
22 Signalumsetzung akust.-el.	-	-	-	-	-	-	-	-	-	-
23 Signalumsetzung el.-akust.	-	-	-	-	-	-	-	-	-	-
24 Gespräch unterbrechen	0,88	-	-	-	0,75	-	-	0,13	-	-
25 Leitung belegen	0,07	-	-	-	-	-	-	0,07	-	-
31 Farbe	1,0	0,05	-	0,11	0,14	0,14	0,14	0,14	0,14	0,14
32 Form	2,4	-	-	0,12	0,2	0,31	0,31	0,84	0,31	0,31
33 Oberfläche	0,67	-	-	0,03	-	0,03	0,03	0,52	0,03	0,03
41 Transportabel	1,86	0,46	0,28	-	-	-	-	1,12	-	-
42 Gewicht	0,8	0,12	0,08	0,08	0,12	0,08	0,12	0,04	0,08	0,08
43 Größe	0,6	-	-	0,06	0,03	-	-	0,51	-	-
51 mechanische Vorschriften	1,19	0,3	0,3	0,14	0,07	0,02	0,02	0,3	0,02	0,02
52 elektrische Vorschriften	1,19	0,14	0,14	-	-	0,14	0,14	0,35	0,14	0,14
Summe $FA_{1dges.}$	11,87	1,07	0,8	0,72	1,31	0,72	0,76	5,05	0,72	0,72

Summe FA_{2dges}	28,61	10,55	16,37	1,69	-	-	-	-	-	-
Summe FA_{3dges}	14,94	1,09	3,71	2,7	1,83	0,52	1,38	0,74	2,2	0,77
Summe FA_{4dges}	8,98	0,73	0,42	2,47	1,12	0,51	0,3	0,72	1,86	0,27	0,58
Summe FA_{5dges}	20,33	3,64	3,97	1,95	0,57	0,54	3,64	4,53	0,77	0,72
Summe FA_{6dges}	15,27	0,96	1,32	0,83	3,76	5,37	0,78	0,69	0,79	0,79

FA_1 : Anteil der Unterfunktionen jeweils höchster Ordnung

FA_{1y} : Anteil der Einzelteile an den Unterfunktionen

FA_{xdges} : Gesamtfunktionsanteile der Einzelteile am Produkt

x/y : Index für Baugruppen/Einzelteile

Bild 42: Zuordnung der Funktionsanteile der Baugruppen zu den Einzelteilen

Im Vergleich zu dem ermittelten Montageaufwand von Bild 38 wurden aufgrund der Konkretisierung der Konstruktion jetzt für die Endmontage einige Werte korrigiert und insbesondere Montagevorgänge ergänzt, so daß nun der Montageaufwand ganzheitlich ermittelt werden konnte.

ENDMONTAGE

Beschreibung des Montagevorgangs		Teile Nr.
M0	Vormontiertes Gehäuse bereitst.	1
M1	Leiterplatte komplett in Gehäuse einführen und einschnappen	2
M2	Wecker greifen, Drähte in Führung einlegen, in Gehäuse montieren und anschließen	4
M3	Leiterplattenhalter einrasten (2x)	6.1
M4	Leiterplatte klein in Geh. einf., auf Leiterplattenhalter einrasten und Flachbandkabel anlöten	3
M5	Gehäusedeckel in Gehäuse einschn.	6.5
M6	Gehäuse drehen und Gehäuseboden einlegen	6.4
M7	Plastite Schraube eindrehen (2x)	6.3
M8	Füße montieren (4x)	6.2
M9	Schilder aufkleben (4x)	6.6
		6.7
		6.8
		6.9

BG 1 : GEHÄUSE

Beschreibung des Montagevorgangs		Teile Nr.
M0	Gehäuse bereitstellen	1.7
M1	Blindabdeckung einschieben	1.6
M2	Blindabdeckung einschieben	1.9
M3	Schieber einrasten	1.4
M4	Schildabdeckung einfügen und einrasten	1.3
M5	Attrappe einschieben (2x)	1.8
M6	Abdeckwinkel einschieben (2x)	1.5
M7	Druckfedern auf Verschlußstücke stecken (2x)	1.2
M8	Verschlußstücke einrasten (2x)	1.1

BG 2 : LEITERPLATTE

Beschreibung des Montagevorgangs		Teile Nr.
M0	Leiterplatte bestückt bereitstellen	2.2
M1	Wippe in Leiterplatte einrasten	2.1
M2	Schraube eindrehen (2x)	2.3.2
M3	Gabelfedersatz einhängen	2.3.3
M4	Zugfeder einhängen	2.3.1
M5	Isolierhülse eindrücken	2.3.4
UBG 2.1: Wippe		
M0	Lagerbock bereitstellen	2.1.1
M1	Wippe RV einrasten	2.1.3
M2	Wippe GU in Lagerbock einführen	2.1.2

BG 3 : TASTATUR

Beschreibung des Montagevorgangs		Teile Nr.
M0	Tastenkäfig bereitstellen	3.1
M1	Tastensatz einlegen	3.2
M2	Steuertaste in Tastenkäfig einlegen	3.3
M3	Wippe in Steuertaste einlegen	3.5
M4	Blindtaste einlegen (2x)	3.4
M5	Kontaktpille einstecken	3.7
M6	Schaltmatte auflegen	3.6
M7	Leiterplatte "klein" auf Tastenkäfig auflegen	3.8
M8	Leiterplatte mit Tastenkäfig verschrauben (4x)	3.9

BG 4 : WECKER

Beschreibung des Montagevorgangs		Teile Nr.
M0	Weckerbasisteil bereitstellen	4.1
M1	Magnetplättchen in Aufnahme einpressen und aufsetzen	4.2, 4.10
M2	Klöppel in Aufnahme für Magnetplättchen einrasten	4.3
M3	Lautstärkeregelknopf in Weckerbasisteil einrasten	4.4
M4	Metallpl. in Erregersp. einsetzen	4.6
M5	Erregerspule mit Metallplatten auf Weckerbasisteil stecken	4.5
M6	Plastikhaube aufstecken	4.9
M7	Klangkörper aufstecken	4.8
M8	Schraube eindrehen (2x)	4.7

BG 5 : HÖRER

Beschreibung des Montagevorgangs		Teile Nr.
M0	Hörerunterteil bereitlegen	5.1
M1	Aufnahme Hörmuschel in Hörerunterteil einlegen	5.4
M2	Aufnahme Mikrofon in Hörerunterteil einlegen	5.5
M3	Mikrofon in Höreruntert. einlegen	5.7
M4	Hörmuschel in Höreruntert. einlegen	5.6
M5	Hörmuschel u. Mikrofon mit Klemmhalterung klemmen	5.8
M6	Knickschutzhülle in HU einführen, Kabel verlegen und anschließen	5.3
M7	Höreroberteil einrasten	5.2
M8	Höreroberteil mit Hörerunterteil verschrauben (2x)	5.9

Bild 43: Montagevorgänge des Telefonapparates

	Bewertungskriterien \ Montagevorgänge	M0	M1	M2	M3	M4	M5	M6	M7	M8	M9
		E									
Handhaben / Bereitstellen	Größe der Teile	0,5	1	1 1	1	1 1	0,5	0,5 0,5	1	1	1
	Gewicht der Teile	1	1	1 1	1	1 1	1	1 1	1	1	1
	Stand- und Auflageflächen	1	1	2 3	1	1 3	1	1 1	3	1	1
	Greifflächen und -raum	1	2	1 4	1	1 1	1	1 1	2	2	1
	Verhaken	0	3	0 5	0	0 5	0	0 0	0	0	0
	Oberflächenbeschaffenheit	3	5	0 3	0	3 3	3	3 3	0	0	0
	Steifigkeit	0	0	0 3	0	0 3	0	0 0	0	2	3
Fügen	Größe der Teile	-	1,5	1,5 1,5	1,5	1,5 1,5	1	1	1,5	1,5	1,5
	Gewicht der Teile	-	1	1 1	1	1 1	1	1	1	1	1
	Steifigkeit	-	0	0 4	0	0 4	0	0	0	2	0
	Separate Verbindungselemente	-	0	0 0	3	0 3	0	0	3	0	0
	Fügebewegung	-	4	1 1	1	4 4	4	4	4	1	1
	Fügerichtung	-	1	1 3	1	1 2	1	1	1	1	1
	Zugänglichkeit Fügeraum/-stellen	-	4	0 4	0	0 2	0	0	0	0	0
Hilfsfkt.	Justieren	-	-	-	-	-	-	-	-	-	-
	Kontrollieren	-	-	-	-	-	-	-	-	-	-
	sonst.Hilfsfunktionen	-	-	-	-	5 5	-	-	-	-	-
	Summe AM	6,5	24,5	44,0	11,5	59,0	13,5	20,0	17,5	13,5	11,5
	Summe AM_{min}	3,5	7,5	15,0	7,5	15,0	7,5	11,0	7,5	7,5	7,5
	Häufigkeit	1	1	1	2	1	1	1	2	4	4
	rel. Montageaufw.AMR	1,86	3,27	2,93	3,07	3,93	1,80	1,82	4,67	7,20	6,13
1	rel. Montageaufw.AMR	2,43	1,80	2,60	1,40	1,80	1,67	1,67	3,23	2,87	-
2	rel. Montageaufw.AMR	3,57	1,40	1,82	-	-	-	-	-	-	-
3	rel. Montageaufw.AMR	1,14	1,40	1,40	1,40	1,40	2,73	2,47	1,67	2,87	-
4	rel. Montageaufw.AMR	1,14	1,53	3,27	1,80	1,53	2,07	1,13	1,13	2,87	-
5	rel. Montageaufw.AMR	1,57	2,20	2,20	1,13	1,13	2,07	2,73	1,67	2,87	-

Bild 44: Ermittlung des Montageaufwands

Nach der zu dieser Bewertungsstufe bereits möglichen ausführlichen Ermittlung des jeweiligen Aufwandes zur Ausführung der einzelnen Montagevorgänge kann nun mit den in Bild 42 ermittelten Funktionsanteilen für jeden Montagevorgang erstmals der Kennwert KM_n für die Montagegerechtheit errechnet werden. Dies ist in Bild 45 für die Montagevorgänge der Endmontage ausführlich ausgeführt. Zur Steigerung der Übersichtlichkeit wurden die Kennwerte KM_n der einzelnen Montagevorgänge zusätzlich visuell dargestellt.

Endmontage : TELEFONAPPARAT

n	Montagevorgang	Teile-Nr.	FM_n	AMR_n	KM_n	0 2 4 6 8
M0	Vormontiertes Gehäuse bereitstellen	1	11,87	1,86	6,38	
M1	Leiterpl. kpl. in Gehäuse einführen u. einschnappen	2	28,61	3,27	8,75	
M2	Wecker kpl. in Gehäuse montieren	4	8,98	2,93	3,06	
M3	Leiterplattenhalter einrasten 2 x	6.1	0,96	3,07	0,31	←
M4	Leiterpl. klein kpl. montieren	3	14,94	3,93	3,80	
M5	Gehäusedeckel in Gehäuse einschnappen	6.5	5,37	1,80	2,98	
M6	Gehäuse drehen und Gehäuseboden einlegen	6.4	3,76	1,82	2,07	
M7	Plastite Schraube eindrehen 2 x	6.3	0,83	4,67	0,18	←
M8	Füße montieren 4 x	6.2	1,32	7,20	0,18	←
M9	Schilder aufkleben 4 x	6.6 ÷ 6.9	3,05	6,13	0,50	←

FM_n : Funktionsanteile
AMR_n : relativer Montageaufwand
KM_n : Kennwert für Montagegerechtheit
n : lfd.Nr. Montagevorgang
← : montagetechnische Schwachstelle

Bild 45: Kennwerte für die Montagegerechtheit der Endmontage

Genauso sind für die Montagevorgänge der einzelnen Baugruppen die Kennwerte KM_n zu ermitteln und darzustellen. Zusammenfassend wurden in Bild 46 die Kennwerte für die Baugruppe 1, Gehäuse, ermittelt (ohne visuelle Darstellung); für die übrigen Baugruppen sind jeweils die letzten Spalten in dieser Ermittlung die jeweiligen Kennwerte KM_n der einzelnen Montagevorgänge, dargestellt.

Damit sind für jede Baugruppe die montagetechnischen Schwachstellen ermittelt und können übersichtlich gegenübergestellt werden. Eine vollständige Berücksichtigung der montagegerechten Produktgestaltung ist dadurch zu erreichen, daß nun für jede Baugruppe die Montagevorgänge, welche

Baugruppe 1: Gehäuse

n	Montagevorgang	Teile-Nr.	FM_n	AMR_n	KM_n
M0	Gehäuse bereitstellen	1.7	5,05	2,43	2,08
M1	Blindabdeckg. einschieben	1.6	0,76	1,80	0,42
M2	Blindabdeckg. einschieben	1.9	0,72	2,60	0,28
M3	Schieber einrasten	1.4	1,31	1,40	0,94
M4	Schildabd. einf. u. einr.	1.3	0,72	1,80	0,40
M5	Attrappe einschieben 2x	1.8	0,72	1,67	0,43
M6	Abdeckw. einsch. 2x	1.5	0,72	1,67	0,43
M7	Druckfeder auf Verschlußstücke setzen 2x	1.2	0,80	3,23	0,25
M8	Verschlußst. einrasten 2x	1.1	1,07	2,87	0,37
Kennwert der Baugruppe 1: Gehäuse					0,61

Baugruppe 2: Leiterplatte

KM_n
4,58
7,53
0,93
-
-
-
-
-
-
-

Baugruppe 3: Tastatur

KM_n
0,96
2,65
1,93
0,37
1,31
0,27
0,56
1,32
0,27
0,91

Baugruppe 4: Wecker

KM_n
0,64
0,65
0,76
0,62
0,20
0,25
0,24
1,65
0,25
0,55

Baugruppe 5: Hörer

KM_n
2,32
0,26
0,25
4,01
3,22
0,37
0,71
2,38
0,25
1.16

FM_n : Funktionsanteil KM_n : Kennwert für Montagevorgang
AMR_n : relativer Montageaufwand n : lfd. Nr. Montagevorgang

Bild 46: Kennwerte für die Montagegerechtheit der Baugruppen

unterhalb des festzulegenden Schwellwertes liegen, mit den für diese Bewertungsstufe spezifischen Fragen der Checkliste von Bild 31 weiter analysiert werden, um so die montagetechnischen Schwachstellen zu spezifizieren. Die relevanten Fragen zu diesem Konstruktionsfortschritt sind die Nummern 1, 3, 6 bis 11, 13, 15, 21, 28 bis 32, 34, 36, 37, 39 und 41. Hieraus sind dann die konkreten Umkonstruktionen der ermittelten montagetechnischen Schwachstellen zu entnehmen. Entsprechend der Definition der Kennwerte für die Montagegerechtheit der Baugruppen in Kapitel 6.3.2.3 wurden diese Werte ebenfalls für die einzelnen Baugruppen errechnet und in Bild 47 gegenübergestellt. Bei dieser Gegenüberstellung konnte für die Baugruppe 2, Leiterplatte, kein Kennwert ermittelt werden, da der ebenfalls zu dieser Baugruppe gehörende Montageaufwand für das Bestücken der Leiterplatte hier nicht ermittelt wurde. Dieser wäre für die Ermittlung des Kennwertes für die Montagegerechtheit der Baugruppe notwendig gewesen.

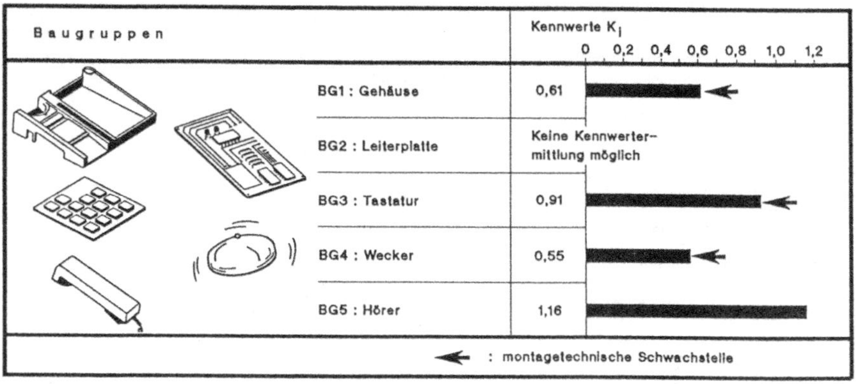

Bild 47: Gegenüberstellung der Kennwerte für die Montagegerechtheit der Baugruppen

Um der häufig anzutreffenden Terminnot gerecht zu werden, ist es möglich, aufgrund der in Bild 47 gezeigten Gegenüberstellung nur die montagetechnisch schwächsten Baugruppen bezüglich ihrer Montagevorgänge zu analysieren. Am Beispiel des Telefonapparates bedeutet dies, daß zunächst die Montagevorgänge der Baugruppen 1, Gehäuse und 4, Wecker weiter zu analysieren sind. Die am schlechtesten bewertete Baugruppe Wecker könnte montagetechnisch wesentlich verbessert werden durch Verwendung von Elektronikkomponenten (Technologieänderung). Da es sich hier aber um eine Baugruppe handelt, welche als Standardteil in zahlreichen auf dem Markt befindlichen Produkten verwendet wird, ist bei einer Änderung der Aufwand für Ersatzteilhaltung und Service ungewöhnlich hoch. Ferner ist eine solche Umkonstruktion noch nicht generell einsetzbar und hat teilweise noch Akzeptanzprobleme bei einigen Kunden. Deshalb wurde in diesem Fall von einer Umkonstruktion abgesehen.

Bei der Baugruppe 1 ist festzustellen, daß insbesondere für die Montagevorgänge M2 und M7 die Kennwerte sehr gering sind, aber auch die Montagevorgänge M1, M4, M5, M6 und M8 kleine Kennwerte aufweisen (vergleiche Bild 46). Die Hinterfragung mit der Checkliste von Bild 31 gibt als Hauptgründe für diese montagetechnischen Schwachstellen unter anderem zahlreiche Einzelteile, aufwendige Fügebewegungen, unterschiedliche Fügerichtungen, mangelnde Fügehilfen, zusätzliche Befestigungselemente, aufwendige Verbindungsarten und mangelnde Ordnungs- und Handhabungsmerkmale an (vgl. Bild 48, links). Basierend auf diesen Ergebnissen sind jetzt konkrete Umkonstruktionen durchzuführen, wie sie auf der rechten Seite von Bild 48 zu sehen sind. Im einzelnen wurden hier folgende Umkonstruktionen vorgenommen:

- Ersetzen der gefederten Verschlußstücke durch Schnapphaken und Integration dieser in die Baugruppe Gehäuse (keine zusätzlich vorzumontierenden Bauteile)
- Integration der Blindabdeckungen in die Baugruppe Gehäuse (sogenannter mitgespritzter Film)
- Verbesserung der Zugänglichkeit am unteren Ende durch Entfall des Vorsprungs für Verschlußstücke
- Erhöhung des Anteils der von oben nach unten zu fügenden Bauteile.

Die erneute Bewertung der Umkonstruktion von Bild 48 ergab eine wesentliche Verbesserung der Kennwerte für die Montagegerechtheit, wie diese der Gegenüberstellung von Bild 49 zu entnehmen ist.
Mit dieser Umkonstruktion konnten die wesentlichen montagetechnischen Schwachstellen behoben werden. Vier der schlechtesten Montagevorgänge entfielen, in dem ihre Funktionen im wesentlichen in das Gehäuse integriert werden konnten. Die schlechtesten Montagevorgänge der Umkonstruktion sind bei der bestehenden Konzeption des Telefons schwerlich zu ändern. Der Kennwert für die Montagegerechtheit der gesamten

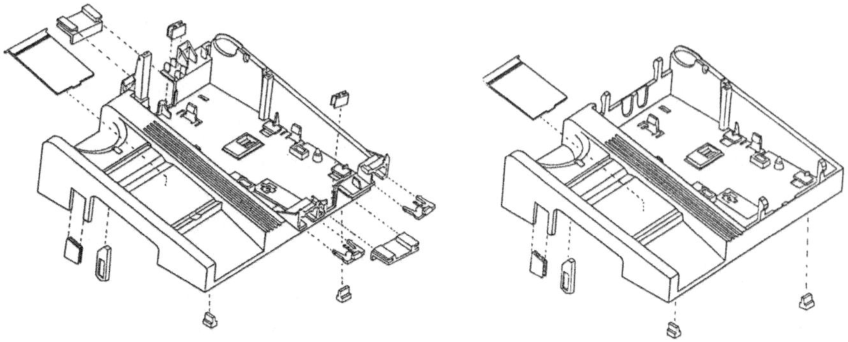

Bild 48: Gegenüberstellung der Gehäuse-Konstruktionen

BG1: GEHÄUSE (vorher)

n	MONTAGEVORGANG	FM_n	AMR_n	KM_n	
M0	Gehäuse bereitstellen	5,05	2,43	2,08	
M1	Blindabdeckung einschieben	0,76	1,80	0,42	←
M2	Blindabdeckung einschieben	0,72	2,60	0,28	←
M3	Schieber einrasten	1,31	1,40	0,94	
M4	Schildabdeckung einführen und einrasten	0,72	1,80	0,40	←
M5	Attrappe einschieben (2x)	0,72	1,67	0,43	←
M6	Abdeckwinkel einschieben (2x)	0,72	1,67	0,43	←
M7	Druckfedern auf Verschlußstücke setzen (2x)	0,80	3,23	0,25	←
M8	Verschlußstücke einrasten (2x)	1,07	2,87	0,37	←

Kennwert der BG1 Gehäuse: $K_1 = 0{,}61$

BG1*: GEHÄUSE – Umkonstruktion

n	MONTAGEVORGANG	FM_n	AMR_n	KM_n
M0	Gehäuse bereitstellen	8,00	2,43	3,29
M1	Blindabdeckung einschieben	0,76	1,80	0,42
M2	Blindabdeckung einschieben	0,72	2,60	0,28
M3	Schieber einrasten	1,31	1,40	0,94
M4	Schildabdeckung einführen und einrasten	0,72	1,80	0,40

Kennwert der BG1* Gehäuse: $K_1^* = 1{,}15$

FM_n : Funktionsanteil
AMR_n : relativer Montageaufwand
KM_n : Kennwert für Montagevorgang
← : Montagetechnische Schwachstelle
n : lfd. Nr. Montagevorgang

Bild 49: Gegenüberstellung der Kennwerte der Baugruppe Gehäuse

Baugruppe hat sich durch die Umkonstruktion nahezu verdoppelt auf insgesamt 1,15. Damit konnte die Baugruppe Gehäuse durch die gezielte Umkonstruktion der ermittelten Schwachstellen montagetechnisch wesentlich verbessert werden.

Mit der Bewertungsstufe e kann der ausführlichste Detaillierungsgrad des Bewertungsverfahrens erreicht werden. Nach der erneuten Bewertung der Umkonstruktion der montagetechnischen Schwachstellen der übrigen Baugruppen wird in den weiteren

Bewertungsstufen jeweils nur das geändert, was bis dahin im Konstruktionsprozeß aufgrund der Optimierung korrigiert wird. Die weitere Bewertung in den Stufen f und g entspricht nur noch einer Verfeinerung und Anpassung des Verfahrens an die weiter detaillierten Produktentwürfe. Diese Bewertungsschritte sind ergänzend, parallel zum Konstruktionsfortschritt, durchzuführen.

Die ausführliche Anwendung des Bewertungsverfahrens zu unterschiedlichen Phasen im Konstruktionsprozeß erweist sich, wie das Beispiel des Telefons gezeigt hat, als anwenderorientiertes Verfahren, welches die sukzessive montagegerechte Gestaltung der Produkte ermöglicht. Wie zu sehen ist, vermeidet das ständige Überprüfen der Montagegerechtheit in kurzen Intervallen Mehrarbeit durch aufwendige Fehlentwicklungen. Montagetechnische Schwachstellen werden rasch erkannt und spezifiziert, so daß sie sofort behoben werden können. Sowohl die Schwachstellen, welche in Bewertungsstufe c, als auch die, die in Bewertungsstufe e für das Telefon ermittelt wurden, bestätigen, daß es sich hier um tatsächliche Hemmnisse handelt, welche die Montage eines Produktes erschweren und einen erhöhten Aufwand erfordern. Daß die spezifizierten Schwachstellen montagetechnisch verbessert werden können, zeigt das Beispiel der Baugruppe Gehäuse von Bild 48. Mit diesem, wie mit zahlreichen anderen Beispielen, wurde bestätigt, daß mit dem erarbeiteten Bewertungsverfahren montagetechnische Schwachstellen ermittelt und spezifiziert werden können. Die kontinuierliche Integration der montagegerechten Produktgestaltung in den Konstruktionsprozeß, wie sie hier beschrieben wurde, gewährleistet das Konstruieren von Produkten, welche mit wirtschaftlich vertretbarem Aufwand montiert werden können.

8 Zusammenfassung und Ausblick

Die montagegerechte Produktgestaltung wird derzeit nur unzulänglich umgesetzt. Dies stellt häufig das ausschlaggebene Automatisierungshemmnis dar, so daß eine aufwendige manuelle Ausführung der Montage notwendig wird.

Untersuchungen haben gezeigt, daß die montagegerechte Produktgestaltung eine entscheidende Rationalisierungsstrategie der Zukunft darstellt. Dieses Potential kann nur dann ausgeschöpft werden, wenn die Hilfsmittel zur montagegerechten Produktgestaltung in eine Vorgehensweise integriert werden, welche während des Konstruktionsprozesses angewandt werden kann. Die wesentlichen, derzeit noch am wenigsten aufgearbeiteten Hilfsmittel sind anwenderorientierte Gestaltungsregeln zur montagegerechten Produktgestaltung und Verfahren zur Bewertung der Montagegerechtheit von Produkten.

8.1 Erzielte Ergebnisse

Mit dem erarbeiteten montageorientierten Konstruktionsprozeß ist es gelungen, die montagegerechte Produktgestaltung mit einer ganzheitlichen Vorgehensweise in den Konstruktionsprozeß einzugliedern. Hierbei wurde auf die bewährte Konstruktionssystematik nach VDI 2222 und VDI 2221 zurückgegriffen. Dieser montageorientierte Konstruktionsprozeß dient als Leitfaden zur Umsetzung der montagegerchten Produktgestaltung. Er dient gleichzeitig als Orientierung für die interdisziplinäre Zusammenarbeit, welche für eine ganzheitliche montagegerechte Produktgestaltung notwendig ist. Die notwendigen Informationen werden gezielt zum richtigen Zeitpunkt bereitgestellt, so daß in abwechselnden kurzen Zyklen das Produkt montagegerecht gestaltet und anschließend bezüglich dieser Kriterien bewertet werden kann. Dadurch ist eine ständige Kontrolle und eine Verbesserung der Konstruktion möglich.

Das Bereitstellen der Gestaltungsregeln in Form eines Konstruktionskatalogs mit unterschiedlichen Zugriffsmerkmalen ist Voraussetzung für eine entsprechende Akzeptanz bei den betroffenen betrieblichen Abteilungen. Hierdurch wird eine gezielte Bereitstellung der Informationen möglich, sind die Gestaltungsregeln abzustimmen auf die Vorkenntnisse des Anwenders, ist eine individuelle Anpaßbarkeit/Erweiterbarkeit für unterschiedliche Produktspektren/Branchen möglich und können die Gestaltungsregeln nach eigener Wahl mit Bildbeispielen ergänzt werden. Diese Vielfältigkeit des Konstruktionskatalogs ist Voraussetzung für die Anwendung der Gestaltungsregeln im täglichen Konstruktionsprozeß, wie erste Ergebnisse gezeigt haben.

Mit dem Verfahren zur Bewertung der Montagegerechtheit von Produkten zu unterschiedlichen Phasen im Konstruktionsprozeß ist es gelungen, Produktkonstruktionen ganzheitlich zu bewerten. Von entscheidender Bedeutung ist es, daß bereits sehr früh im Konstruktionsprozeß die Montagegerechtheit überprüft werden kann. Beginnend in der Konzeptphase kann mit der schrittweisen Fertigstellung der Produktkonstruktion auch deren Montagegerechtheit überprüft und gezielt verbessert werden. Diese iterativen, kurzen Schleifen im Konstruktionsprozeß verhindern aufwendige Mehrarbeit und sind die Voraussetzung für eine interdisziplinäre Zusammenarbeit der unterschiedlichen betrieblichen Bereiche.

In der Arbeit konnte die montagegerechte Produktgestaltung ganzheitlich berücksichtigt und in den Konstruktionsprozeß integriert werden, weil zunächst systematisch alle Einflußfaktoren auf die Montagegerechtheit von Produkten erfaßt wurden. Diese Einflußfaktoren waren dann Grundlage für das Erarbeiten der Hilfsmittel zur montagegerechten Produktgestaltung (Gestaltungsregeln, Checklisten, Bewertungsverfahren). Wichtig ist es auch, daß nach der Ermittlung von Kennwerten für die Montagegerechtheit durch die Spezifizierung der Schwachstellen auch konkrete Hinweise auf die Verbesserung der Konstruktion gegeben werden. Die erneute Bewertung der Produktkonstruktion mit verhältnismäßig geringem Aufwand fördert die Anwendung dieses Instrumentariums, da eine unmittelbare Erfolgskontrolle gegeben ist.

Die Handhabung und der Aufwand der hier erarbeiteten Hilfsmittel zur montagegerechten Produktgestaltung ermöglichen eine einfache Anwendung und sind somit Garant für eine erfolgreiche Umsetzung der montagegerechten Produktgestaltung. Die ausgeführten Beispiele einer Konstruktion bestätigen diese Aussage. Die erzielten Ergebnisse zeigen, daß mit diesem Instrumentarium die montagetechnischen Schwachstellen von Konstruktionen frühzeitig erkannt und gezielt verbessert werden können, so daß der Mehraufwand durch Doppelarbeit minimal gehalten wird.

8.2 Weitere Ausbaustufen

Das hier vorgestellte Instrumentarium ist in die betriebliche Praxis stufenweise einzuführen. Nach Anpassung an die betrieblichen Randbedingungen und ggf. produkt- bzw. branchenspezifischen Anforderungen können die von den Einflußfaktoren abgeleiteten Checklisten sofort angewendet werden. In einer zweiten Stufe ist dann nach einer gewissen Erfahrung mit diesen Hilfsmitteln eine gezielte Anwendung des Bewertungsverfahrens möglich. Während dieser Erfahrungszeit müssen die organisatorischen Voraussetzungen im Betrieb geschaffen werden und ist eine Schulung aller betroffenen Mitarbeiter notwendig. Bei dieser Schulung müssen nicht nur die Inhalte der Methoden gelehrt werden; vielmehr müssen zunächst die Grundlagen der montagegerechten Produktgestaltung gelehrt werden, so daß die betroffenen Mitarbeiter von dem Erfolg der montagegerechten Produktgestaltung überzeugt sind. Nach diesen vorbereitenden Maßnahmen ist eine Integration dieser Vorgehensweise zur montagegerechten Produktgestaltung in den betrieblichen Ablauf möglich und sinnvoll.

Sowohl der Katalog der Gestaltungsregeln als auch die Checklisten und das Bewertungverfahren sind bereits so aufgebaut, daß sie zukünftig rechnerunterstützt angewendet werden können, d.h. in CAD-Systeme zu integrieren sind. Da bei dieser Anwendung oft die betrieblichen Anforderungen der Rechneranlagen mitberücksichtigt werden müssen, ist eine spezifische Rechnerimplementierung vor Ort sinnvoll. Betriebsspezifische Randbedingungen, z.B. das Ergänzen der Gestaltungsregeln oder das Abfragen von Erfahrungswerten für Schwellwerte o.ä. sollten den betrieblichen Bedingungen angepaßt werden. Deshalb und aufgrund des allgemeinen Verständnisses ist es nicht sinnvoll, für die Umsetzung der montagegerechten Produktgestaltung eine fertig entwickelte Software zu kaufen.

Die hier erarbeitete Vorgehensweise zur montagegerechten Produktgestaltung beinhaltet alle notwendigen Hilfsmittel zur erfolgreichen Umsetzung und ermöglicht die unmittelbare Implementierung in Rechneranlagen; es wurden hier wesentliche Grundlagen für zukünftig notwendig werdende Expertensysteme entwickelt. Sie ist somit ein erster Schritt für eine anzustrebende, integrierte, rechnerunterstützte Produktentwicklung und Montageplanung. Durch diese erprobte Vorgehensweise kann das Rationalisierungspotential durch montagegerechte Produktgestaltung ausgeschöpft werden. Die wissenschaftliche Herleitung der praxisorientierten Hilfsmittel ermöglicht eine ganzheitliche Umsetzung der montagegerechten Produktgestaltung im betrieblichen Alltag.

9 Schrifttum

/1/ Abele, E. u.a. Einsatzmöglichkeiten von flexibel automatisierten Montagesystemen in der industriellen Produktion (Montagestudie). Humanisierung des Arbeitslebens, Band 61. Düsseldorf: VDI-Verlag, 1984.

/2/ Warnecke, H.J.: Montage, Handhabung, Industrieroboter: Schwieriges Geschäft mit Zukunft. Innovation 4(1985)2, S.176-180.

/3/ Schraft, R.-D.: Montagegerechte Konstruktion - die Voraussetzung für eine erfolgreiche Automatisierung. In: Proceedings of the 3rd International Conference on Assembly Automation, Böblingen 1982, S.165-176.

/4/ o.V.: VDI-Richtlinie 3237, Blatt 1 u. 2: Fertigungsgerechte Werkstückgestaltung im Hinblick auf automatisches Zubringen, Fertigen und Montieren. Berlin: Beuth, 1967/1973.

/5/ Dilling, H.-J.: Die Bedeutung der Produktgestaltung für eine rationelle und automatisierte Montage. In: Planung und Einsatz von Automatisierungseinrichtungen. Fachtagung der VDI-Ges.Produktionstechnik (ADB), Bad Soden, 06.03.1985, S.77-119.

/6/ Kiener, W.; Löhr, H.-G.: Auswirkungen des montage- und automatisierungsgerechten Gestaltens von Einzelteilen, Baugruppen und Fertigungsprodukten. In: mht(1975) 2, S.16-19.

/7/ Warnecke, H.J.: Aufbau und Betrieb flexible automatisierter Montagesysteme. In: Die Montage im flexiblen Produktionsbetrieb: Universität Stuttgart, Sonderforschungsbereich 158, Ergebnisbericht 1984-1986, S.257-313.

/8/ Walther, J.: Montage großvolumiger Teile mit Industrierobotern. Stuttgart, Universität, Fakultät Fertigungstechnik, Diss. Dr.-Ing., 1985.

/9/ Köhne, F.: Praxis der Montageautomatisierung am Beispiel der Automobilindustrie. In: VDI-Berichte Nr. 479. Düsseldorf: VDI-Verlag, 1983, S.1-22.

/10/ o. V.: Die Halle 54 - eine neue Fertigungsphilosophie, die nicht nur den Automobilbau revolutioniert. In: Flexible Automation (1984) Nr. 1, S.23-30.

/11/ Bronner, A.; Leitfaden für den Einsatz der Wertanalyse in Klein- und Mittelbetrieben. Eschborn: Rationalisierungskuratorium der deutschen Wirtschaft, 1985.

/12/ Gairola, A.: Montage automatisieren durch montagegerechtes Konstruieren. In: VDI-Z 127 (1985) Nr. 11, S.403-408

/13/ Petri, H.: Anforderungen der Hersteller von Montageautomaten an die Produktgestaltung. In: VDI-Berichte Nr.592. Düsseldorf: VDI-Verlag, 1986, S.213-228.

/14/ Haller, E.: Rechnerunterstützte Gestaltung ortsgebundener Arbeitsplätze, dargestellt am Beispiel kleinvolumiger Produkte. Stuttgart, Universität, Fakultät Fertigungstechnik, Diss. Dr.-Ing., 1982.

/15/ Schraft, R.-D.: Montagegerechte Produktgestaltung. In: tz für Metallbearbeitung 79 (1985) Nr. 6, S. 27-30.

/16/ o. V.: VDI-Richtlinie 2222, Blatt 1, Konstruktionsmethodik, Konzipieren technischer Systeme und Produkte. Berlin, Köln: Beuth, 1977.

/17/ o. V.: VDI-Richtlinie 2221, Methodik zum Entwickeln und Konstruieren technischer Systeme und Produkte. Berlin, Köln: Beuth, 1986.

/18/ Martyrer, E.: Der Ingenieur und das Konstruieren. In: Konstruktion 12 (1960) Nr. 1-4.

/19/ Sörensen, E.: Konstruieren - Schöpferische Ingenieurarbeit. In: VDI-Z 100 (1958), S.1123-1128.

/20/ o. V.: VDI-Richtlinie 2869, Blatt 2 (unveröffentlicher Entwurf), Montagefunktionen - Begriffe, Symbole, Definitionen, 1984.

/21/ o. V.: DIN 8580: Fertigungsverfahren; Einteilung und Begriffe, Entwurf. Berlin: Beuth, 1985

/22/ o. V.: DIN 8593 Teil 0: Fertigungsverfahren Fügen; Einordnung, Unterteilung, Begriffe. Berlin: Beuth, 1985.

/23/ Schraft, R.-D.; Bäßler, R.: Möglichkeiten zur Umsetzung des montagegerechten Konstruierens. In: VDI-Berichte Nr. 592. Düsseldorf: VDI-Verlag, 1986. S. 119-131.

/24/ Warnecke, H.J.; Bäßler, R.: Vorgehensweise zur montagegerechten Produktgestaltung. In: Robotersysteme 3 (1987) Nr. 1, S.1-9.

/25/ Bäßler, R.; Schmaus, T.: Procedure for assembly-oriented product design. In: Design for Manufacture and Assembly. Conference Newport, Rhode Island 6.-8.4.1987.

/26/ Klein, M.: Einführung in die DIN-Normen, 6. Auflage. Stuttgart: Teubner, 1970.

/27/ Andreasen, M. M.: Design for assembly - an integrated approach. In: Assembly Automation (1982) Nr. 3, S.141-145.

/28/ Bäßler, R.; Wolf, E.; Elser, K.: Rationalisieren der Montage. In: Industrieanzeiger 196 (1984) 71, S.104-109.

/29/ Dilling, H.-J.: Rationalisierung und Automatisierung der Montage, Reihe: Stand der Technik. Düsseldorf: VDI-Verlag, 1975.

/30/ Witte, K.W.: Konstrukteure senken Montagekosten - Methoden und Hilfsmittel zur montagegerechten Konstruktion. In: Praxis der Montageautomatisierung 86. VDI/ADB. Düsseldorf: VDI-Verlag, 1986, S.31-55.

/31/ Börnecke, G.: Die Bedeutung der montagegerechten Konstruktion. In: VDI-Berichte Nr. 592. Düsseldorf: VDI-Verlag, 1986, S.1-30.

/32/ Boothroyd, G.; Dewhurst, P.: Product Design for Robot Assembly. In: International Conference on Product Design for Assembly/Troy Conferences. Rochester, Michigan, 1986.

/33/ o.V.: Datenverarbeitung in der Konstruktion. In: VDI-Berichte Nr. 152; Vorträge der VDI-Tagung, Wiesbaden, 1969.

/34/ Langenbeck, K.: Konstruktionslehre I-IV, Manuskript zur Vorlesung. Stuttgart, Universität, Institut für Maschinenkonstruktion und Getriebebau, 1976.

/35/ Langenbeck, K.: Praxis des systematischen Konstruierens, Manuskript zur Vorlesung; Stuttgart, Universität, Institut für Maschinenkonstruktion und Getriebebau, 1983.

/36/ Pahl, G.; Beitz, W.: Konstruktionslehre. Berlin, Heidelberg, New York: Springer, 1977.

/37/ Koller, R.: Konstruktionslehre für den Maschinenbau, 2. Auflage. Berlin Heidelberg, New York, Tokyo: Springer, 1985.

/38/ Rodenacker,W.G.: Methodisches Konstruieren. Konstruktionsbücher Band 27, 3. Auflage.
Berlin: Springer, 1984.

/39/ Zangenmeister, C.: Nutzwertanalyse in der Systemtechnik. München: Wittmann'sche Buchhandlung, 1970.

/40/ o. V.: VDI-Richtlinie 2225, Technisch-wirtschaftliche Bewertung. Berlin, Köln: Beuth, 1977.

/41/ Andresen, U.: Ein Beitrag zum methodischen Konstruieren bei der montagegerechten Gestaltung von Teilen der Großserienfertigung. Braunschweig, Technische Universität, Diss. Dr.-Ing., 1975.

/42/ Dilling, H.-J.: Methodisches Rationalisieren von Fertigungsprozessen am Beispiel montagegerechter Gestaltung. Darmstadt, Technische Hochschule, Diss. Dr.-Ing., 1978.

/43/ Eversheim, W.: Handhabungsgerechte Werkstückgestaltung für den Einsatz automatischer Handhabungseinrichtungen in Fertigung und Montage. Abschlußbericht. Aachen, 1981.

/44/ Gairola, A.: Montagegerechtes Konstruieren: Ein Beitrag zur Konstruktionsmethodik. Darmstadt, Technische Hochschule, Diss. Dr.-Ing., 1981.

/45/ Ende, G.: Methode zum Bewerten der Montagegerechtheit im Maschinenbau. Karl-Marx-Stadt, TH, Fakultät für Maschinenwesen, Diss. Dr.-Ing., 1980.

/46/ Lotter, B.: Montagefreundliche Gestaltung eines Produktes. In: Verbindungstechnik 14 (1982) 3, S.28-31.

/47/ Andreasen, M.; Kähler, S.; Lund, T.: Design für Assembly. Berlin, Heidelberg, New York, Tokyo: Springer, 1983.

/48/ Witte, K.-W.: Voraussetzungen zur wirtschaftlichen Automatisierung in der Montage. In: VDI-Berichte 479. Düsseldorf: VDI-Verlag, 1983, S.15-22

/49/ Boothroyd, G.: Design for Assembly. Amherst, University of Michigan, Department of Mechanical Engineering, 1983.

/50/ Boothroyd, G.; Dewhurst, P.: Economic Applications of Assembly Robots.
In: 12th Conference on Product Research and Technology; advanced systems for manufacturing, 1985, S.167-170.

/51/ Miyakawa, S.; Ohashi, T.: The Hitachi Assemblability Method (AEM).
In: International Conference on Product Design for Assembly. Troy Conferences. Rochester, Michigan, 1986.

/52/ Warnecke, H.J.; Bäßler, R.; Richter, M.: Entwicklungstendenzen und Auswirkungen beim montagegerechten Konstruieren.
In: VDI-Berichte 592. Düsseldorf: VDI-Verlag, 1986, S.329-346.

/53/ Milberg, J.; Barthelmeß, P.: Einfluß der Produktgestaltung. Automatisieren von Fügeverfahren in der Montage.
In: Industrieanzeiger 107 (1985) Nr. 28/29, S.94-98.

/54/ Witte, K. W.: Montagegerecht gestaltete Produkte - Voraussetzung für eine rationelle Montage.
In: Zeitschrift für wirtschaftliche Fertigung 79 (1984) Nr. 7, S.316-321.

/55/ Bäßler, R.: Montagegerechte Produktgestaltung für eine wirtschaftliche Montageautomatisierung. In: Kunststoffe 76 (1986) Nr. 4, S.350-356.

/56/ Mayer, C: Konzeption und Realisierung robotergerechter Fügetechniken bei der automatisierten Montage. In: Tagungsband Montagegerecht konstruieren, wirtschaftlich montieren, München 17.-18.02.1986.

/57/ Schraft, R.-D.; Bäßler, R.: Die montagegerechte Produktgestaltung muß durch systematische Vorgehensweisen umgesetzt werden. In: VDI-Z 126 (1984) Nr. 22, S.843-849.

/58/ Bäßler, R.: Erst die montagegerechte Produktgestaltung ermöglicht eine Montageautomatisierung. In: First European Symposiam on Automated Assembly. Veldhoven (Eindhoven) 12. und 13. März 1987, S.5.1.1 - 5.1.31.

/59/ Beitz, W.: Beachten der Montage beim methodischen Entwickeln und Konstruieren. In: VDI-Berichte 592. Düsseldorf: VDI-Verlag, 1986, S.71-82.

/60/ Pahl, G.; Beitz, W.: Konstruktionslehre, 2. Auflage. Berlin, Heidelberg, New York, London, Paris, Tokyo: Springer, 1986.

/61/ Schraft, R.-D.; Bäßler, R.: Possibilities to realize assembly oriented product design. In: Proceedings of the 5th International Conference on Assembly Automation IFS (Conferences) Ltd., Paris, 1984, S.243-262.

/62/ Schraft, R.-D.; Bäßler, R.: Montagegerechte Produktgestaltung. In: Industrieanzeiger 107 (1985) Nr. 31, S.24-28.

/63/ Roth, K.: Einheitliche Systematik der Verbindungen. In: VDI-Berichte Nr. 493. Düsseldorf: VDI-Verlag, 1983, S.1-12.

/64/ Allgeyer, K.H.; Mertens, P; Schumann, M.: Betriebliche Expertensysteme in deutschsprachigen Ländern: Versuch einer Bestandsaufnahme, Erlangen: Universität, Institut für Mathematische Maschinen- und Datenverarbeitung (Informatik), 1986.

/65/ Franke, H.-J.: Methodische Schritte beim Klären konstruktiver Aufgabenstellungen. Konstruktion 27 (1975), S.325-402.

/66/ Roth, K.: Methodisches Ermitteln von Funktionsstruktur und Gestalt. In: VDI-Berichte Nr. 219. Düsseldorf: VDI-Verlag, 1974, S.89-100.

/67/ Ungeheuer, U.: Produkt- und Montagestrukturierung; Methodik zur Planung einer anforderungsgerechten Produkt- und Montagestruktur für komplexe Erzeugnisse der Einzel- und Kleinserienproduktion. Aachen, RWTH, Diss. Dr.-Ing., 1986.

/68/ Metzger, H.: Planung und Bewertung von Arbeitssystemen in der Montage. Stuttgart, Universität, Fakultät Fertigungstechnik, Diss. Dr.-Ing., 1977.

/69/ Dittmayer, S.: Arbeits- und Kapazitätsplanung in der Montage. Stuttgart, Universität, Fakultät Fertigungstechnik, Diss. Dr.-Ing., 1981.

/70/ o. V.: MTM Handbuch I, Grundlehrgangsunterlage, 3. Auflage. Hamburg, Deutsche MTM Vereinigung e.V.,1981.

/71/ o. V.: REFA: Methodenlehre des Arbeitsstudiums; Teil 1 Grundlagen, Teil 2: Datenermittlung. München: Hanser, 1971.

/72/ Weiss, K.W.: Entwicklung flexibler Ordnungssysteme für die Automatisierung der Werkstückhandhabung in der Klein- und Mittelserienfertigung. Stuttgart, Universität, Fakultät Fertigungstechnik, Diss. Dr.-Ing., 1982.

/73/ Lotter, B.: Wirtschaftliche Montage. Düsseldorf: VDI-Verlag, 1986.

/74/ Walther, J.: Systematische Planung flexibel automatisierter Montageanlagen. In: VDI-Z 127 (1985) Nr. 9. S. 313-318.

/75/ Arimond, R.: Entwurf einer SMD-gerechten Platine. In: Qualität und Zuverlässigkeit 31 (1986) Nr. 5, S.187-190.

/76/ o. V.: Design Guidelines for Leaded Component Insertion. Druckschrift Firma Universal Instruments, 1985.

/77/ o. V.: Empfehlungen für das Layout von Leiterplatten mit SMD. Druckschrift Firma Siemens, 1984.

/78/ o. V.: Wertanalyse, Idee-Methode-System. VDI-Taschenbuch T 35. Düsseldorf: VDI-Verlag, 1981.

IPA Forschung und Praxis

Schriftenreihe aus dem Institut für Produktionstechnik und Automatisierung, Stuttgart

Herausgeber: Prof. Dr.-Ing. H. J. Warnecke

Datenerfassung im Produktionsbereich
Von E. Bendeich. ISBN 3-7830-0117-8.
1977, 176 Seiten, kartoniert. 54,— DM

Methodenauswahl für die Materialbewirtschaftung in Maschinenbau-Betrieben
Von H. Graf. ISBN 3-7830-0136-6.
1977, 144 Seiten, kartoniert. 54,— DM

Systematische Auswahl von Förderhilfsmitteln für den innerbetrieblichen Materialfluß
Von W. Rau. ISBN 3-7830-0139-0.
1977, 103 Seiten, kartoniert. 40,— DM

Grundlagen zur Planung von Ersatzteilfertigungen
Von E. Schulz. ISBN 3-7830-0138-2.
1977, 98 Seiten, kartoniert. 40,— DM

Rechnerunterstützte Fabrikplanung
Von B. Minten. ISBN 3-7830-0116-1.
1977, 124 Seiten, kartoniert. 38,— DM

Eine Planungsmethode für automatische Montagesysteme
Von H.-G. Löhr. ISBN 3-7830-0120-X.
1977, 108 Seiten, kartoniert. 32,— DM

Planung und Bewertung von Arbeitssystemen in der Montage
Von H. Metzger. ISBN 3-7830-0131-5.
1977, 108 Seiten, kartoniert. 40,— DM

Klassifizierungssystem für Prüfmittel der industriellen Längenprüftechnik
Von R. Czetto. ISBN 3-7830-0144-7.
1978, 181 Seiten, kartoniert. 64,— DM

Rechnerunterstützte Montageplanung
Von O. Hirschbach. ISBN 3-7830-0149-8.
1978, 146 Seiten, kartoniert. 52,— DM

Rechnerunterstützte Entwicklung von Simulationsmodellen für Unternehmensplanspiele
Von A. Moker. ISBN 3-7830-0147-1.
1978, 181 Seiten, kartoniert. 64,— DM

Arbeitsplatzanalysen zur Ermittlung der Einsatzmöglichkeiten und Anforderungen an Industrieroboter
Von G. Herrmann. ISBN 37830-0151-X.
1978, 113 Seiten, kartoniert. 40,— DM

MFSP — Ein Verfahren zur Simulation komplexer Materialflußsysteme
Von G. Stemmer. ISBN 3-7830-0118-8.
1977, 140 Seiten, kartoniert. 60,— DM

Berührungslose Erkennung durch Positionsbestimmung von Objekten durch inkohärent-optische Korrelation
Von M. König. ISBN 3-7830-0137-4.
1977, 110 Seiten, kartoniert. 40,— DM

Auslegung von Störungspuffern in kapitalintensiven Fertigungslinien
Von R. v. Stetten. ISBN 3-7830-0140-4.
1977, 154 Seiten, kartoniert. 56,— DM

Flexible Transportablaufsteuerung
Von G. Römer. ISBN 3-7830-0114-5.
1977, 188 Seiten, kartoniert. 60,— DM

Rechnergestützte Realplanung von Fabrikanlagen
Von T.-K. Sauter. ISBN 3-7830-0119-6.
1977, 108 Seiten, kartoniert. 32,— DM

Systematisches Auswählen und Konzipieren von programmierbaren Handhabungsgeräten
Von R. D. Schraft. ISBN 3-7830-0115-3.
1977, 108 Seiten, kartoniert. 32,— DM

Auslandsproduktion
Von W. Cypris. ISBN 3-7830-0145-5.
1978, 126 Seiten, kartoniert. 42,— DM

Wirtschaftlicher Einsatz von Mehrkoordinatenmeßgeräten
Von M. Dietzsch. ISBN 3-7830-0148-X.
1978, 142 Seiten, kartoniert. 52,— DM

Fertigungssteuerung bei flexiblen Arbeitsstrukturen
Von K.-G. Lederer. ISBN 3-7830-0146-3.
1978, 128 Seiten, kartoniert. 42,— DM

Untersuchungen zum Polieren und Entgraten durch elektrochemisches Oberflächenabtragen
Von K. Zerweck. ISBN 3-7830-0150-1.
1978, 110 Seiten, kartoniert. 40,— DM

Stufenweise Ableitung eines praktischen Planungssystems für den Entwicklungsbereich
Von R. Hichert. ISBN 3-7830-0149-8.
1978, 151 Seiten, kartoniert. 52,— DM

Produktionsplanung mit Auftragsfamilien
Von U. W. Geitner. ISBN 3-7830-0161.7.
1979, 110 Seiten, kartoniert. 45,— DM

Thermisch-chemisches Entgraten
Von T. Wagner. ISBN 3-7830-0164-1.
1979, 111 Seiten, kartoniert. 45,— DM

Untersuchung der Materialflußkosten bei ausgewählten Systemen der Zentralen Arbeitsverteilung
Von R. Wenzel. ISBN 3-7830-0162-5.
1979, 168 Seiten, kartoniert. 86,— DM

Anpassung und Einführung eines Planungssystems für die Ablaufplanung im Konstruktionsbereich
Von W. Dangelmaier. ISBN 3-7830-0163-3.
1979, 168 Seiten, kartoniert. 80,— DM

Längenmessungen an bewegten Teilen mit berührungslos wirkenden Aufnehmern
Von H. Lang. ISBN 3-7830-0157-9.
1979, 89 Seiten, kartoniert. 42,— DM

Untersuchung multistabiler Strömungselemente und ihr Einsatz in sequentiellen Steuerungen
Von A. Ernst. ISBN 3-7830-0157-9.
1979, 122 Seiten, kartoniert. 48,— DM

Taktile Sensoren für programmierbare Handhabungsgeräte
Von M. Schweizer. ISBN 3-7830-0158-7.
1979, 91 Seiten, kartoniert. 42,— DM

Die rechnerunterstützte Prüfplanung
Von P. Bläsing. ISBN 3-7830-0152-8.
1979, 100 Seiten, kartoniert. 44,— DM

Verfahren zur Fabrikplanung im Mensch-Rechner-Dialog am Bildschirm
Von W. Ernst. ISBN 3-7830-0156-0.
1979, 218 Seiten, kartoniert. 72,— DM

Rechnerunterstütztes Verfahren zur Leistungsabstimmung von Mehrmodell-Montagesystemen
Von M. Görke. ISBN 3-7830-0155-2.
1979, 139 Seiten, kartoniert. 50,— DM

Standortbezogene Betriebsmittel
Von G. Pflieger. ISBN 3-7830-0167-6.
1979, 127 Seiten, kartoniert. 52,— DM

Die betriebswirtschaftliche Beurteilung neuer Arbeitsformen
Von B.-H. Zippe. ISBN 3-7830-0168-4.
1979, 350 Seiten, kartoniert. 98,— DM

Untersuchung des Arbeitsverhaltens programmierbarer Handhabungsgeräte
Von B. Brodbeck. ISBN 3-7830-0169-2.
1979, 117 Seiten, kartoniert. 48,— DM

Untersuchung eines kohärent-optischen Verfahrens zur Rauheitsmessung
Von N. Rau. ISBN 3-7830-0174-9.
1979, 117 Seiten, kartoniert. 48,— DM

Entwicklung einer programmierbaren, pneumatischen Steuerung
Von D. Klemenz. ISBN 3-7830-0171-4.
1979, 93 Seiten, kartoniert. 42,— DM

IPA Forschung und Praxis

Berichte aus dem Fraunhofer-Institut für Produktionstechnik und Automatisierung, Stuttgart, und dem Institut für Industrielle Fertigung und Fabrikbetrieb der Universität Stuttgart

Herausgeber: Prof. Dr.-Ing. H. J. Warnecke

---

38 **Arbeitsgangterminierung mit variabel strukturierten Arbeitsplänen — Ein Beitrag zur Fertigungssteuerung flexibler Fertigungssysteme**
Von U. Maier. ISBN 3-540-10213-2.
1980, 111 Seiten mit 45 Abbildungen. 43,— DM

39 **Kapazitätsabgleich bei flexiblen Fertigungssystemen**
Von P. S. Nieß. ISBN 3-540-10372-4.
1980, 151 Seiten mit 57 Abbildungen. 48,— DM

40 **Schichtdickenverteilung auf galvanisierten Paßteilen am Beispiel kleiner abgesetzter Wellen und Bohrungen**
Von D. Wolfhard. ISBN 3-540-10373-2.
1980, 177 Seiten mit 83 Abbildungen. 48,— DM

41 **Planung von Mehrstellenarbeit unter Berücksichtigung von Umfeldaufgaben**
Von S. Häußermann. ISBN 3-540-10374-0.
1980, 136 Seiten mit 59 Abbildungen. 48,— DM

42 **Untersuchungen zur Schmierfilmdicke in Druckluftzylindern — Beurteilung der Abstreifwirkung und des Reibungsverhaltens von Pneumatikdichtungen mit Hilfe eines neu entwickelten Schmierfilmdicken-meßverfahrens**
Von R. Köhnlechner. ISBN 3-540-10375-9.
1980, 100 Seiten mit 38 Abbildungen und 4 Tabellen. 43,— DM

43 **Typologie zum überbetrieblichen Vergleich von Fertigungssteuerungsverfahren im Maschinenbau**
Von G. Rabus. ISBN 3-540-10376-7.
1980, 174 Seiten mit 88 Abbildungen und 21 Tafeln. 48,— DM

44 **System zur Planung des Umlaufbestandes in Betrieben mit Serienfertigung**
Von K.-G. Wilhelm. ISBN 3-540-10377-5.
1980, 142 Seiten mit 67 Abbildungen und 15 Tafeln. 48,— DM

45 **Rechnerunterstützte Arbeitsplanerstellung mit Kleinrechnern, dargestellt am Beispiel der Blechbearbeitung**
Von W. Hoheisel. ISBN 3-540-10505-0.
1981, 169 Seiten mit 74 Abbildungen. 48,— DM

46 **Beitrag zur Verbesserung der Wirtschaftlichkeit EDV-unterstützter Fertigungssteuerungssysteme durch Schwachstellenanalyse**
Von J. Lienert. ISBN 3-540-10506-9.
1981, 148 Seiten mit 37 Abbildungen. 48,— DM

47 **Die Abscheidung von Öl an Entlüftungsöffnungen drucklufttechnischer Anlagen**
Von W.-D. Kiessling. ISBN 3-540-10604-9.
1981, 117 Seiten mit 48 Abbildungen und 3 Tabellen. 43,— DM

48 **Dynamische Optimierung technisch-ökonomischer Systeme**
Von J. Warschat. ISBN 3-540-10717-7.
1981, 132 Seiten mit 60 Abbildungen. 43,— DM

49 **Bildsensor zur Mustererkennung und Positionsmessung bei programmierbaren Handhabungsgeräten**
Von H. Geißelmann. ISBN 3-540-10735-5.
1981, 125 Seiten mit 52 Abbildungen. 43,— DM

50 **Verfügbarkeitsberechnung für komplexe Fertigungseinrichtungen**
Von Ekkehard Gericke. ISBN 3-540-10779-7.
1981, 132 Seiten mit 71 Abbildungen. 43,— DM

51 **Materialflußgestaltung in Fertigungssystemen**
Von Willi Rößner. ISBN 3-540-10888-2.
1981, 149 Seiten mit 76 Abbildungen. 48,— DM

52 **Beitrag zur Analyse der Auswirkungen der Mikroelektronik, dargestellt am Beispiel der Büromaschinen-Industrie**
Von Werner Neubauer. ISBN 3-540-10991-9.
1981, 145 Seiten mit 27 Abbildungen und 47 Tabellen. 43,— DM

53 **Modelle von Informationssystemen zur kurzfristigen Fertigungssteuerung und ihre Gestaltung nach betriebsspezifischen Gesichtspunkten**
Von Roland Gentner. ISBN 3-540-10992-7.
1981, 181 Seiten mit 69 Abbildungen und 7 Tabellen. 48,— DM

54 **Entwicklung von Verfahren zur Terminplanung und -steuerung bei flexiblen Montagesystemen**
Von Jürgen H. Kölle. ISBN 3-540-11227-8.
1981, 132 Seiten mit 64 Abbildungen und 1 Faltplan. 43,— DM

55 **Arbeits- und Kapazitätsteilung in der Montage**
Von Stefan Dittmayer. ISBN 3-540-11228-6.
1981, 124 Seiten und 56 Abbildungen. 43,— DM

56 **Beitrag zur systematischen Planung der Qualitätsprüfung bei Klein- und Mittelserienfertigung**
Von Herbert Babic. ISBN 3-540-11325-8
1982, 108 Seiten mit 38 Abbildungen und 7 Tabellen. 53,— DM

57 **Methode zur rechnerunterstützten Einsatzplanung von programmierbaren Handhabungsgeräten**
Von Uwe Schmidt-Streier. ISBN 3-540-11355-X.
1982, 188 Seiten mit 72 Abbildungen. 53.– DM

58 **Werkstoff- und Energiekennwerte industrieller Lackieranlagen, am Beispiel der Automobilindustrie**
Von Rainer Manfred Thiel. ISBN 3-540-11356-8.
1982, 116 Seiten mit 59 Abbildungen. 53.– DM

59 **Maßnahmen zum Verbessern der pneumatischen Lackzerstäubung – Teilchengrößenbestimmung im Spritzstrahl –**
Von Klaus Werner Thomer. ISBN 3-540-11507-2.
1982, 162 Seiten mit 94 Abbildungen und 1 Tabelle. 53.– DM

60 **Ermittlung und Bewertung von Rationalisierungsmaßnahmen im Produktionsbereich**
Von Jürgen Schilde. ISBN 3-540-11730-X.
1982, 158 Seiten mit 57 Abbildungen. 53.– DM

61 **Untersuchung von Verfahren der Reihenfolgeplanung und ihre Anwendung bei Fertigungszellen**
Von Mohamed Osman. ISBN 3-540-11747-4.
1982, 124 Seiten mit 32 Abbildungen und 3 Tabellen. 53.– DM

62 **Ein Simulationsmodell zur Planung gruppentechnologischer Fertigungszellen**
Von Volker Saak. ISBN 3-540-11747-4.
1982, 134 Seiten mit 53 Abbildungen. 53.– DM

63 **Verfahren zur technischen Investitionsplanung automatisierter Fertigungsanlagen**
Von Günter Vettin. ISBN 3-540-11747-4.
1982, 134 Seiten mit 63 Abbildungen. 53.– DM

64 **Pneumatische Sensoren zur prozeßsimultanen Messung des Werkzeugverschleißes und zur Kollisionsvermeidung beim Messerkopffräsen**
Von Wolfgang Jentner. ISBN 3-540-11747-4.
1982, 126 Seiten mit 47 Abbildungen und 6 Tabellen. 53.– DM

65 **Rechnerunterstützte Gestaltung ortsgebundener Montagearbeitsplätze, dargestellt am Beispiel kleinvolumiger Produkte**
Von Eberhard Haller. ISBN 3-540-12015-7.
1982, 130 Seiten mit 43 Abbildungen. 53.– DM

66 **Fernsehüberwachung von Schutzgasschweißvorgängen mit abschmelzender Elektrode MIG – MAG**
Von Ruprecht Niepold. ISBN 3-540-12181-7.
1983, 178 Seiten mit 73 Abbildungen und 5 Tabellen. 58.– DM

67 **Entwicklung flexibler Ordnungssysteme für die Automatisierung der Werkstückhandhabung in der Klein- und Mittelserienfertigung**
Von Karl Weiss. ISBN 3-540-12455-1.
1983, 116 Seiten mit 68 Abbildungen. 58.– DM

68 **Automatisierte Überwachungsverfahren für Fertigungseinrichtungen mit speicherprogrammierten Steuerungen**
Von Werner Eißler. ISBN 3-540-12456-X.
1983, 128 Seiten mit 66 Abbildungen. 58.– DM

69 **Prozeßüberwachung beim Galvanoformen**
Von Jürgen Wilhelm Böcker. ISBN 3-540-12457-8.
1983, 118 Seiten mit 32 Abbildungen. 58.– DM

70 **LAPEX – Ein rechnerunterstütztes Verfahren zur Betriebsmittelzuordnung**
Von Stephan Mayer. ISBN 3-540-12490-X.
1983, 162 Seiten mit 34 Abbildungen und 2 Tabellen. 58.– DM

71 **Gestaltung eines integrierten Produktionssystems für die Sortenfertigung unter Einsatz der Clusteranalyse**
Von Gerald Weber. ISBN 3-540-12650-3.
1983, 194 Seiten mit 54 Abbildungen. 58.– DM

72 **Gußputzen mit sensorgeführten, programmierbaren Handhabungsgeräten**
Von Eberhard Abele. ISBN 3-540-12651-1.
1983, 133 Seiten mit 66 Abbildungen. 58,– DM

73 **Untersuchungen zur Herstellung und zum Einsatz galvanogeformter Erodierelektroden**
Von Harald Müller. ISBN 3-540-12822-0.
1983, 148 Seiten mit 78 Abbildungen. 58,– DM

74 **Ein Beitrag zur Optimierung der Prozeßführungsstrategien automatisierter Förder- und Materialflußsysteme**
Von Hans Steffens. ISBN 3-540-12968-5.
1983. 161 Seiten mit 60 Abbildungen. 58,– DM

75 **Entwicklung eines Verfahrens zur wertmäßigen Bestimmung der Produktivität und Wirtschaftlichkeit von Personalentwicklungsmaßnahmen in Arbeitsstrukturen**
Von Christian Müller. ISBN 3-540-13041-1.
1983. 129 Seiten mit 34 Abbildungen. 58,– DM

76 **Berechnung der Gestaltänderung von Profilen infolge Strahlverschleiß**
Von Wolfgang Marx. ISBN 3-540-13054-3.
1983. 121 Seiten mit 58 Abbildungen. 58,– DM

77 **Algorithmen zur flexiblen Gestaltung der kurzfristigen Fertigungssteuerung**
Von Rudolf E. Scheiber. ISBN 3-540-13500-6.
1984, 150 Seiten mit 73 Abbildungen und 1 Tabelle. 63.– DM

78 **Galvanisieren mit moduliertem Strom**
Von Jürgen Wolfgang Mann. ISBN 3-540-13733-5.
1984, 145 Seiten und 58 Abbildungen. 63,– DM

79 **Fluoreszenzmeßverfahren zur Schmierfilmdickenmessung in Wälzlagern**
Von Wolfgang Schmutz. ISBN 3-540-13777-7.
1984, 141 Seiten und 66 Abbildungen. 63,– DM

IPA-IAO Forschung und Praxis

Berichte aus dem Fraunhofer-Institut für Produktionstechnik und Automatisierung (IPA), Stuttgart, Fraunhofer-Institut für Arbeitswirtschaft und Organisation (IAO), Stuttgart, und Institut für Industrielle Fertigung und Fabrikbetrieb der Universität Stuttgart

Herausgeber: Prof. Dr.-Ing. H. J. Warnecke und Prof. Dr.-Ing. H.-J. Bullinger

---

80 **Flexibilität und Kapazität von Werkstückspeichersystemen**
Von Bernhard Graf. ISBN 3-540-13970-2.
1984, 115 Seiten mit 71 Abbildungen. 63,– DM

T1 **Flexible Fertigungssysteme**
17. IPA-Arbeitstagung zusammen mit der 3. Internationalen Konferenz „Flexible Manufacturing Systems (FMS-3)", ISBN 3-540-13807-2.
1984, 249 Seiten mit zahlreichen Abbildungen. 118,– DM

T2 **Integrierte Bürosysteme**
3. IAO-Arbeitstagung. ISBN 3-540-13978-8.
1984, 633 Seiten mit zahlreichen Abbildungen. 168,– DM

81 **Rechnerunterstützte Planung von Montageablaufstrukturen für Erzeugnisse der Serienfertigung**
Von Ernst-Dieter Ammer. ISBN 3-540-15056-0.
1985, 120 Seiten mit 1 Faltblatt und 33 Abbildungen. 63,– DM

82 **Flexibilität von personalintensiven Montagesystemen bei Serienfertigung**
Von Heinrich Vähning. ISBN 3-540-15093-5.
1985, 152 Seiten mit 49 Abbildungen. 63,– DM

83 **Ordnen von Werkstücken mit programmierbaren Handhabungsgeräten und Werkstückerkennungssensoren**
Von Ingo Schmidt. ISBN 3-540-15375-6.
1985, 111 Seiten mit 66 Abbildungen. 63,– DM

84 **Systematische Investitionsplanung**
Von Jorge Moser. ISBN 3-540-15370-5.
1985, 190 Seiten mit 69 Abbildungen. 63.– DM

T3 **Montage · Handhabung · Industrieroboter**
Internationaler MHI-Kongreß im Rahmen der Hannover-Messe '85. ISBN 3-540-15500-7.
1985, 267 Seiten mit zahlreichen Abbildungen. 128,– DM

85 **Flexible Montagesysteme – Konzeption und Feinplanung durch Kombination von Elementen**
Von Peter Konold / Bernd Weller. ISBN 3-540-15606-2.
1985, 162 Seiten mit 71 Abbildungen und 9 Tabellen. 63,– DM

T4 **Menschen · Arbeit · Neue Technologien**
4. IAO-Arbeitstagung zusammen mit der 2. Internationalen Konferenz „Human Factors in Manufacturing". ISBN 3-540-15763-8.
1985, 442 Seiten mit zahlreichen Abbildungen. 168,– DM

86 **Leitstandunterstützte kurzfristige Fertigungssteuerung bei Einzel- und Kleinserienfertigung**
Von Lothar Aldinger. ISBN 3-540-15903-7.
1985, 151 Seiten mit 49 Abbildungen und 2 Tabellen. 63,– DM

87 **Bestimmen des Bürstenverhaltens anhand einer Einzelborste**
Von Klaus Przyklenk. ISBN 3-540-15956-8.
1985, 117 Seiten mit 74 Abbildungen. 63,– DM

88 **Montage großvolumiger Produkte mit Industrierobotern**
Von Jörg Walther. ISBN 3-540-16027-2.
1985, 125 Seiten mit 58 Abbildungen. 63,– DM

89 **Algorithmen und Verfahren zur Erstellung innerbetrieblicher Anordnungspläne**
Von Wilhelm Dangelmaier. ISBN 3-540-16144-9.
1986, 268 Seiten mit 79 Abbildungen. 68,– DM

90 **Bewertung der Instandhaltung von Fertigungssystemen in der technischen Investitionsplanung**
Von Hagen U. Uetz. ISBN 3-540-16166-X.
1986, 129 Seiten mit 38 Abbildungen. 68,– DM

91 **Entgraten durch Hochdruckwasserstrahlen**
Von Manfred Schlatter. ISBN 3-540-16172-4.
1986, 167 Seiten mit 89 Abbildungen und 18 Tabellen. 68,– DM

92 **Werkstückorientierte Verfahrensauswahl zum Gußputzen mit Industrierobotern**
Von Wolfgang Sturz. ISBN 3-540-16224-0.
1986, 156 Seiten mit 59 Abbildungen. 68,– DM

93 **Verfahren zur Verringerung von Modell-Mix-Verlusten in Fließmontagen**
Von Reinhard Koether. ISBN 3-540-16499-5.
1986, 175 Seiten mit 46 Abbildungen und 1 Tabelle. 68,– DM

94 **Entwicklung und Einsatz eines interaktiven Verfahrens zur Leistungsabstimmung von Montagesystemen**
Von Günter Schad. ISBN 3-540-16978-4.
1986, 120 Seiten mit 31 Abbildungen und 1 Tabelle. 68,– DM

95 **Qualifizierung an Industrierobotern**
Von Wolfgang Bachl. ISBN 3-540-17018-9.
1986, 218 Seiten mit 30 Abbildungen. 68,– DM

96 **Rechnersimulation des Beschichtungsprozesses beim Elektrotauchlackieren – Anwendung zum Berechnen des Umgriffs**
Von Otto Baumgärtner. ISBN 3-540-17102-9.
1986, 113 Seiten mit 42 Abbildungen. 68,– DM

97 **Ergonomische Gestaltung von Rotationsstellteilen für grob- und sensomotorische Tätigkeiten**
Von Werner F. Muntzinger. ISBN 3-540-17247-5.
1986, 135 Seiten mit 51 Abbildungen und 33 Tabellen. 68,– DM

98 **Die optische Rauheitsmessung in der Qualitätstechnik**
Von R.-J. Ahlers. ISBN 3-540-17242-4.
1986, 133 Seiten mit 56 Abbildungen und 2 Tabellen. 68,– DM

99 **Maschinelle Spracherkennung zur Verbesserung der Mensch-Maschine-Schnittstelle**
Von Gerhard Rigoll. ISBN 3-540-17350-1.
1986, 134 Seiten mit 55 Abbildungen. 68,– DM

100 **Konzeption und Auswahl modularer Magazinpaletten**
Von Thomas Zipse. ISBN 3-540-17584-9.
1987, 126 Seiten mit 54 Abbildungen. 68,– DM

101 **Anschlüsse an Kupferrohre – Herstellung und Automatisierungsmöglichkeit**
Von Eberhard Rauschnabel. ISBN 3-540-17807-4.
1987, 120 Seiten mit 88 Abbildungen. 68,– DM

102 **Mengen- und ablauforientierte Kapazitätsplanung von Montagesystemen**
Von Hans Sauer. ISBN 3-540-17815-5.
1987, 156 Seiten mit 64 Abbildungen. 68,– DM

103 **Verfahrensinstrumentarium zur Werkstückauswahl und Auslegung von Industrieroboterschweißsystemen**
Von Herbert Gzik. ISBN 3-540-17928-3.
1987, 138 Seiten mit 56 Abbildungen. 68,– DM

104 **Integration von Förder- und Handhabungseinrichtungen**
Von Joachim Schuler. ISBN 3-540-17955-0.
1987, 153 Seiten mit 61 Abbildungen. 68,– DM

105 **Produktionsmengen- und -terminplanung bei mehrstufiger Linienfertigung**
Von H. Kühnle. ISBN 3-540-18038-9.
1987, 124 Seiten mit 25 Abbildungen. 68,– DM

106 **Untersuchung des Plasmaschneidens zum Gußputzen mit Industrierobotern**
Von Jong-Oh Park. ISBN 3-540-18037-0.
1987, 142 Seiten mit 70 Abbildungen. 68,– DM

107 **Fügen von biegeschlaffen Steckkontakten mit Industrierobotern**
Von Daegab Gweon. ISBN 3-540-18134-2.
1987, 115 Seiten mit 13 Abbildungen. 68,– DM

108 **Entwicklung eines biomechanischen Modells des Hand-Arm-Systems**
Von Georgios Tsotsis. ISBN 3-540-18135-0.
1987, 163 Seiten mit 45 Abbildungen. 68,– DM

109 **Ein Beitrag zur Planungssystematik für die automatisierte flexible Blechteilefertigung**
Von Thomas Weber. ISBN 3-540-18136-9.
1987, 149 Seiten mit 56 Abbildungen. 68,– DM

110 **Entwicklung eines Meßverfahrens zur Bestimmung des Positionier- und Orientierungsverhaltens von Industrierobotern**
Von Günter Schiele. ISBN 3-540-18137-7.
1987, 116 Seiten mit 48 Abbildungen. 68,– DM

111 **Schwingungsbelastung beim Arbeiten mit handgeführten, einachsigen Motormähgeräten**
Von Peter Kern. ISBN 3-540-18193-8.
1987, 145 Seiten mit 43 Abbildungen und 5 Tabellen. 68,– DM

112 **Entwicklung eines berührungslosen Tastsystems für den Einsatz an Koordinatenmeßgeräten**
Von Hie-Sik Kim. ISBN 3-540-18578-X.
1987, 111 Seiten mit 62 Abbildungen und 4 Tabellen. 68,– DM

113 **Qualifizierung an Industrierobotern – Ziele, Inhalte und Methoden**
Von Volker Korndörfer. ISBN 3-540-18618-2.
1987, 318 Seiten mit 100 Abbildungen. 68,– DM

114 **Funktional und räumlich variables und modulares Laborgerätesystem**
Von Alfred Mack. ISBN 3-540-18786-3.
1988, 116 Seiten mit 39 Abbildungen. 73,– DM

115 **Produktrecycling im Maschinenbau**
Von Rolf Steinhilper. ISBN 3-540-18849-5.
1988, 167 Seiten mit 50 Abbildungen. 73,– DM

116 **Integration der montagegerechten Produktgestaltung in den Konstruktionsprozeß**
Von Rudolf Bäßler. ISBN 3-540-19058-9.
1988, 133 Seiten mit 49 Abbildungen. 73,– DM

Die Bände sind im Erscheinungsjahr und in den folgenden drei Kalenderjahren zu beziehen durch den örtlichen Buchhandel oder durch Lange & Springer, Otto-Suhr-Allee 26-28, 1000 Berlin 10.

GPSR Compliance

The European Union's (EU) General Product Safety Regulation (GPSR) is a set of rules that requires consumer products to be safe and our obligations to ensure this.

If you have any concerns about our products, you can contact us on ProductSafety@springernature.com

In case Publisher is established outside the EU, the EU authorized representative is:

Springer Nature Customer Service Center GmbH
Europaplatz 3
69115 Heidelberg, Germany

Batch number: 10844639

Printed by Printforce, the Netherlands